普通高等教育数字媒体及艺术设计类专业系列教材

Photoshop CC

图形图像处理

主　编◆沈　静

副主编◆罗　昊　曾宪锋

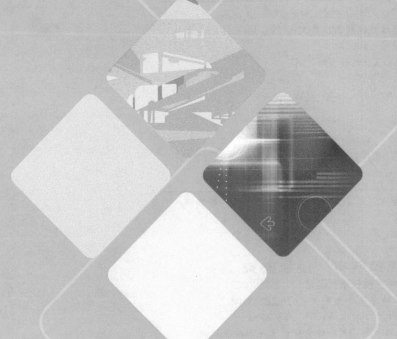

北京师范大学出版集团
BEIJING NORMAL UNIVERSITY PUBLISHING GROUP
北京师范大学出版社

图书在版编目(CIP)数据

Photoshop CC 图形图像处理/沈静主编. —北京：北京师范大学出版社，2021.12
ISBN 978-7-303-27446-8

Ⅰ.①P… Ⅱ.①沈… Ⅲ.①图像处理软件
Ⅳ.①TP391.413

中国版本图书馆 CIP 数据核字(2021)第 237447 号

营 销 中 心 电 话	010-58802181　58805532
北师大出版社科技与经管分社	www.jswsbook.com
电 子 信 箱	jswsbook@163.com

出版发行：北京师范大学出版社　www.bnupg.com
　　　　　北京市西城区新街口外大街 12-3 号
　　　　　邮政编码：100088
印　　刷：北京虎彩文化传播有限公司
经　　销：全国新华书店
开　　本：889 mm×1194 mm　1/16
印　　张：11.25
字　　数：252 千字
版　　次：2021 年 12 月第 1 版
印　　次：2021 年 12 月第 1 次印刷
定　　价：56.50 元

策划编辑：华　珍	责任编辑：华　珍　周光明
美术编辑：李向昕	装帧设计：李向昕
责任校对：陈　民	责任印制：赵　龙

前　言

　　Photoshop 是 Adobe 公司旗下最优秀的图形图像处理软件之一，是 Adobe 公司主要的软件产品。它适用于 Windows 和 Macintosh 平台，是广告设计、VI 设计、包装设计、动漫设计、服装效果图设计、网面制作、照片处理、影像制作等诸多领域中使用最多、功能最强大的软件之一。

　　本书根据高职高专艺术设计类专业学生的实际情况编写而成，编者都是具有丰富一线教学经验的老师。全书采取简洁易懂的教材实例，从基础知识点出发，将主要知识点和实际案例相结合，详细介绍每个实例的制作步骤。全书内容由浅入深，针对在设计中涉及的技术操作进行详尽解析，更好地帮助设计者了解行业规范、设计法则和表现手法，提高实战能力，以应对不同的工作需求。

　　本书以项目为导向，以基础知识、制作能力为目标的思路统揽全书。本书共分十一个项目，即 Photoshop 入门基础、图像选区的应用、图像的绘制、图像色彩和色调的调整、Photoshop 图层的运用、文字的应用、路径、通道与蒙版、滤镜的应用、动作与自动化处理和综合应用实例。

　　对于每个项目，首先制定学习目标，通过知识目标的详细解读帮助学生打牢理论基础，深入理解操作知识点；其次在能力目标上通过具体实例来进一步熟练和验证学习效果；最后指出每个项目的重点难点。另外，在"基础导读"中，着重以理论知识为基础，明确该项目应该了解的基础知识；通过"实例讲解"把一些典型的知识点和实例结合起来，详细讲解操作步骤，更好地进行知识转换；在"小试牛刀"中，精选了一些案例，让学生根据解题思路做出最终效果。

　　全书由安徽职业技术学院沈静担任主编，徽商职业技术学院罗昊、安徽职业技术学院曾宪锋担任副主编，其中项目一、项目三、项目十由沈静编写，项目二由安徽职业技术学院杨哲编写，项目四、项目五由曾宪锋编写，项目六、项目七、项目八、项目九由罗昊编写，项目十一的任务1、任务2、任务3、任务4由沈静编写，项目十一的任务5由安徽广播影视职业技术学院张波编写，项目十一的任务6由安徽艺术学院刘勇编写，项目十一的任务7由南京工程学院王正刚编写，习题、附录由沈静收集整理，PPT由曾宪锋制作，拓展阅读部分由沈静和王勇编写，视频由胡笳制作。全书由沈静负责统稿润色。感谢所有创作人员为本书付出的艰辛努力，感谢各级领导及同事、朋友的关心和支持。

　　本书适合高职高专的图形图像处理及视觉传达设计、展示设计、动漫、环艺设计等相关课程教学使用，也可以作为图形图像爱好者的入门参考书，还可以作为相关培训机构的培训教材。

　　本书的编写得到吕慧、潘瑞春、王乌兰、陈玮然、方方、郭小文等的大力支持和帮助，在此一并致谢。

　　由于编写时间仓促，书中难免有不妥和疏漏之处，恳请专家、读者批评指正。

编　者

目　　录

项目一　Photoshop 入门基础

任务 1　基础导读

Photoshop CC 2019 是 Adobe 公司推出的一款图形图像处理软件，以其强大的功能和友好的界面成为图形图像处理的首选软件。它广泛应用于平面设计的各个领域，如海报设计、包装设计、书籍装帧设计、服装设计、网页设计、数码照片、动漫制作和商业插图制作等方面。

1.1　Photoshop CC 2019 的工作界面

Photoshop CC 2019 的工作界面在以前版本的基础上进行了优化和创新，许多功能更加界面化、按钮化，如图 1-1 所示。Photoshop CC 2019 的工作界面由标题栏、工具箱、状态栏、工具属性栏、图像编辑窗口和浮动控制面板等组成，下面简单介绍这几个部分的功能。

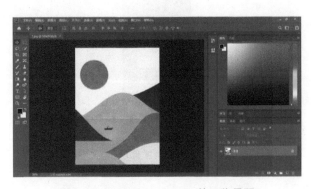

图 1-1　Photoshop CC 2019 的工作界面

1.1.1　标题栏

标题栏位于整个窗口的顶端，显示了当前应用程序的名称和菜单，如图 1-2 所示。在标题栏左侧的程序图标 [Ps] 上单击，在弹出的列表框中可以执行还原窗口、移动窗口、最小化和最大化窗口、关闭窗口等操作。

在标题栏中新增加了菜单栏，由"文件""编辑""图像""图层""文字""选择""滤镜""3D""视图""窗口"和"帮助"11 个菜单组成，用于完成图形图像处理中的各种操作和设置。

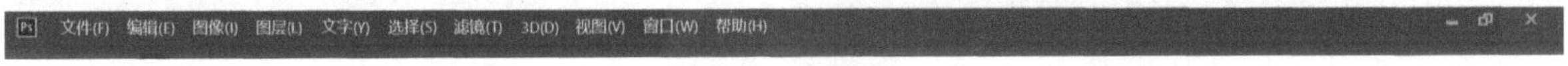

[Ps]　文件(F)　编辑(E)　图像(I)　图层(L)　文字(Y)　选择(S)　滤镜(T)　3D(D)　视图(V)　窗口(W)　帮助(H)　　　　　　　　　　－　⬜　✕

图 1-2　标题栏

1.1.2　工具箱

工具箱位于窗口左侧，共有 50 多个工具，单击工具图标即可在图像编辑窗口使用该工具，如图 1-3 所示。

图 1-3　工具箱

小提示：

1. 工具箱可通过顶部按钮将默认的单列方式改为双列方式。

2. 按住 Alt 键的同时单击该工具组的按钮，即可切换一种工具。

1.1.3　工具属性栏

工具属性栏位于标题栏的下方，用于对当前所选工具进行参数设置。当选取工具后，工具属性栏将显示与其相应的工具参数。例如，选取工具箱中的矩形选框工具，则工具属性栏的显示效果如图 1-4 所示。

工具属性栏的右侧图标分别是搜索工具、选择工作区、共享图像工具。

1.1.4　状态栏

状态栏位于图像编辑窗口的底部，主要用于显示当前图像的显示比例、文件信息和提示信息，如图 1-5 所示。

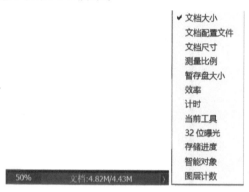

图 1-5　状态栏

1.1.5　图像编辑窗口

图像编辑窗口在 Photoshop CC 2019 工作界面的中间，所有的图像处理操作都是在图像编辑窗口中进行的，如图 1-6 所示。

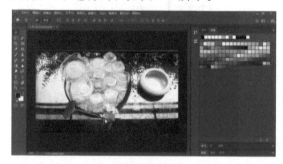

图 1-6　图像编辑窗口

1.1.6　浮动控制面板

浮动控制面板位于工作界面的右侧，主要用于对当前图像的颜色、图层、样式以及对相关的操作进行设置和控制，如图 1-7 所示。

小提示：

按 Tab 键可以隐藏工具箱和所有浮动面板；按 Shift＋Tab 组合键可以隐藏所有浮动面板。

图 1-4　矩形工具的工具属性栏

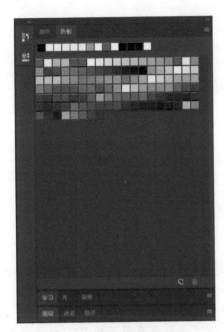

图1-7　颜色和图层面板组

图1-8　矢量图原图和对局部图像放大后的效果

1.2　Photoshop 的基本概念

要想使用 Photoshop CC 2019 处理图像，必须要具备图像方面的基本知识。下面介绍一些必须了解和掌握的基本概念。

1.2.1　图像类型

在计算机领域中，所有图像只分为矢量图和位图两种。

1. 矢量图

矢量图也叫向量图，是用一系列计算机指令来表示的图，是用数学方法描述的图，使用直线和曲线来描述图形，记录对象的线条粗细、几何形状和色彩等。这些元素在计算机内部表示成一系列的数值而不是像素点，这种保存信息的方式与分辨率无关，因此无论放大或缩小，其图像边缘都是平滑的，不会失真，清晰度和光滑度也不会改变。

矢量图常用于标志设计、图案设计、文字设计和版式设计等，它所生成的文件比位图文件小。

矢量图的代表软件主要有 CorelDRAW、AutoCAD 和 Illustrator 等。图1-8 所示为矢量图原图和对局部图像放大后的效果。

2. 位图

位图也叫像素图或点阵图。位图由许多不同颜色的点组成，这些点被称为像素。如果放大图像到一定的程度，图像边缘会出现锯齿状，同时会发现位图实际上是以无数的色彩点组成，效果会失真。图1-9 所示为位图原图和对其局部放大后的效果。

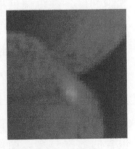

图1-9　位图原图和对其局部放大后的效果

位图图像的主要优点是层次多、细节丰富。Photoshop 就是一款基于位图图像处理的平面设计软件。

1.2.2　色彩模式

Photoshop CC 2019 支持多种色彩模式，常见的有 RGB、CMYK、Lab、HSB、灰度模式、位图模式、索引颜色模式、双色模式和多通道模式等。下面介绍几种主要的色彩模式。

1. RGB 模式

RGB 模式是最佳的图像编辑色彩模式，也是 Photoshop 的默认色彩模式。它是由红(Red)、绿(Blue)、蓝(Blue) 3 种颜色叠加而成的色彩，每种颜色都有从 0(黑色)到 255(白色)个亮度级，所以 3 种色彩叠加就产生了 256×256×256＝1670 万种颜色，即真彩色。

RGB 模式一般不用于打印，因为它的某些色彩已经超出了打印的范围，在打印时会损失一部分亮度且色彩产生失真。在实际打印时一般将 RGB 模式转换为 CMYK 模式。

2. CMYK 模式

CMYK 模式是印刷时使用的一种色彩模式，由青（Cyan）、洋红（Magenta）、黄（Yellow）和黑（Black）4 种颜色组成。CMYK 是减法模式，而 RGB 是加法模式。同监视器相比，打印纸不能创建光源，更不会发光，只能吸收和反射光线，因此通过对这 4 种颜色的组合来产生可见光谱中的绝大部分颜色。

3. 灰度模式

灰度模式能够产生 256 级灰度色调。当一个彩色文件被转换为灰度模式文件时，所有色彩信息都会丢失，图像只有明暗度，没有色相和饱和度。颜色调色板中的 K 值用于衡量黑色油墨量，0%代表白色，100%代表黑色。

1.2.3 图像分辨率

图像分辨率是指在每英寸图像中包含多少像素，通常表示为像素/英寸（ppi），如"72 像素/英寸"就表示该图像中每英寸含有 72 像素。包含的数据越多，图像文件就越大，也越能表现更丰富的细节。常用的分辨率有以下 3 种。

（1）图像分辨率，用于确定图像中像素的数目。

（2）显示器分辨率，是指显示器上每单位长度显示的像素或点的数目，通常用"点/英寸"（dpi）来表示，是固定的不可更改的。

（3）输出分辨率，又叫打印分辨率，是指激光打印机或绘图仪等处理图像时，每英寸所含油墨的点数。

1.2.4 常用图像文件格式

图像文件分为多种格式，在 Photoshop 中常用的文件格式有 PSD、JPEG、TIFF、GIF、BMP 等。在"存储为"对话框中的"格式"下拉列表框中可以看见多种文件格式，如图 1-10 所示。下面介绍一些常用的图像文件格式。

PSD、PDD 格式：是 Photoshop 软件的专业文件格式。它们能够保存图像数据中的细小部分，如图层和附加的通道信息，所以占用的空间比较大，在没有完全处理好图像效果时暂

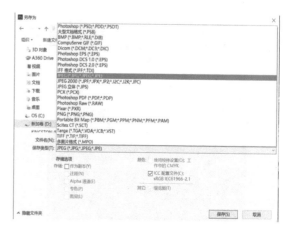

图 1-10　文件格式

时将文件存储为这种格式，便于文件的修改。

　小提示：

如果需要将带有图层的 PSD 格式的图像转换为其他格式的文件，需要先将图层合并再进行格式转换。

JPEG、JPG 格式：是目前所有格式中压缩比最高的格式。用户可以在存储时自行选择图像的压缩品质，这样能够控制数据的流失程度。品质越高，占用的存储空间越大，反之越小。其支持 RGB、CMYK 和灰度色彩模式，但不支持 Alpha 通道。

GIF 格式：是一种压缩的 8 位图像文件，最多只能处理 256 种颜色，不能用于保存真彩色的文件格式。但因其传输速度比其他格式的图像文件快得多，被广泛应用于 Web 上，是目前最重要的图像格式之一。

TIFF 格式：是跨平台的文件格式，可以在许多图像软件之间进行数据交换，应用相当广泛，大部分扫描仪都输出 TIFF 格式的图像文件。其支持位图、灰度、索引颜色、RGB、CMYK 和 Lab 等色彩模式。

BMP 格式：是一种 Windows 标准的点阵式图像文件格式，优点是色彩丰富，保存时可以执行无损压缩；缺点是打开这种压缩文件会花费较长时间，而且一些兼容性不好的应用程序可能打不开这类文件。其支持 RGB、位图和灰度色彩模式，但不支持 Alpha 通道。

PCX 格式：是最早得到广泛应用的文件格式。其支持 1～24 位颜色深度以及 RGB、索引颜

色、位图和灰度色彩模式，但不支持 Alpha 通道和 CMYK 模式。PCX 和 PSD 格式一样用 RLE 压缩，但它的文件大小比 PSD 文件还要大些。

EPS 格式：应用于绘画和排版，优点是在排版软件中以低分辨率预览排版插入的文件，在打印或输出胶片时则以高分辨率输出。

PICT 格式：使用无损压缩减小文件尺寸，但可保存 24 位真彩色图像。

PNG 格式：称为可移植网络图形，结合了 JPEG 和 GIF 格式的优点，也是 Web 所接受的一种格式，用于在网页上无损压缩和显示图像。它的文件大小较 GIF 和 JPEG 来说比较大。

1.3 Photoshop 的基本操作

1.3.1 图像文件的操作

文件的新建、打开和保存是处理图像文件最基本的操作，下面进行详细的介绍。

1. 新建图像文件

【操作步骤】

①单击"文件"→"新建"命令，弹出"新建"对话框，设置各选项，如图 1-11 所示。

图 1-11 "新建"对话框

②单击"创建"按钮，即可新建一个空白的图像文件，如图 1-12 所示。

图 1-12 新建空白的图像文件

2. 打开图像文件

【操作步骤】

①单击"文件"→"打开"命令，弹出"打开"对话框，选择需要打开的图像文件，如图 1-13 所示。

图 1-13 "打开"对话框

②单击"打开"按钮，即可打开选择的图像文件，此时图像编辑窗口中的图像显示如图 1-14 所示。

图 1-14 打开的图像文件

小提示：

1. 按 Ctrl＋O 组合键或直接在桌面上双击，均可弹出"打开"对话框。

2. 按住 Ctrl 键不放，单击多个需要打开的文件，可以同时打开多个文件。

3. 保存图像文件

Photoshop CC 2019 兼容多种文件格式，因此可以作为一个转换图像文件格式的工具来使用。在其他软件中导入图像，可能会受到图像格式的限制而不能导入，此时可以应用 Photoshop CC 2019 将图像格式转为软件所支持的格式。

【操作步骤】

①单击"文件"→"打开"命令，打开一幅素材文件，此时图像编辑窗口中的显示如图 1-15 所示。

图 1-15 素材图像

②单击"文件"→"存储为"命令，弹出"存储为"对话框，设置各选项，如图 1-16 所示，单击"保存"按钮，即可保存图像文件。

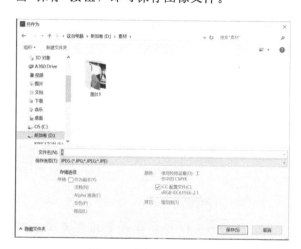

图 1-16 "存储为"对话框

4. 关闭图像文件

①单击"文件"→"打开"命令，打开一幅素材文件，此时图像编辑窗口中的显示如图 1-17 所示。

图 1-17 素材图像

②单击"文件"→"关闭"命令，如图 1-18 所示，即可关闭图像文件。

图 1-18 单击"关闭"命令

1.3.2 图像窗口的操作

在处理图像的过程中，可以同时打开多个文件，改变窗口的大小和位置，改变窗口的排列方式或在各窗口之间切换，使工作界面变得更加方便、快捷，从而提高工作效率。

1. 调整窗口大小和位置

【操作步骤】

①按 Ctrl＋O 组合键，打开一幅素材图像，如图 1-19 所示。

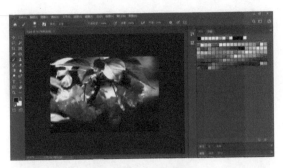

图 1-19　打开素材

②把鼠标指针放在图像标题栏上，单击鼠标并拖曳到合适位置，即可移动窗口的位置，如图 1-20 所示。

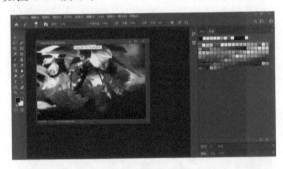

图 1-20　移动窗口

③将鼠标指针放在图像编辑窗口的边框线上，鼠标呈双箭头状"↔"时，单击鼠标并拖曳到合适的位置，即可改变窗口大小，如图 1-21所示。

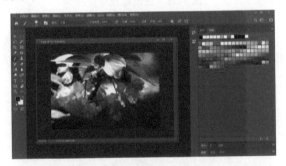

图 1-21　拖曳鼠标改变窗口大小

2. 调整窗口排列方式

当打开多个图像文件时，每次只能显示一个图像编辑窗口内的图像，如需要对多个窗口中的内容进行比较，则可将窗口以水平平铺、浮动、层叠和选项卡等方式进行排列。

【操作步骤】

①按 Ctrl＋O 组合键，打开 4 幅素材图像，如图 1-22 所示。

图 1-22　素材图像

②单击"窗口"→"排列"→"全部垂直拼贴"命令，即可垂直平铺图像窗口，如图 1-23 所示。

图 1-23　垂直平铺图像

③单击"窗口"→"排列"→"在窗口浮动"命令，即可浮动排列图像窗口，如图 1-24 所示。

图 1-24　浮动排列图像窗口

④单击"窗口"→"排列"→"使所有内容在窗口中浮动"命令，即可使所有内容都浮动在图像窗口中，如图 1-25 所示。

图 1-25　浮动排列所有图像窗口

⑤单击"窗口"→"排列"→"将所有内容合并到选项卡中"命令，即可以选项卡方式排列图像窗口，如图1-26所示。

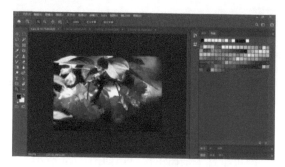

图1-26　以选项卡方式排列图像窗口

1.3.3　图像辅助工具的使用

在创作设计中使用辅助工具可以大大提高工作效率。标尺、网格、参考线、注释工具都属于辅助工具。

1. 标尺(打开、隐藏、运用)

标尺显示当前鼠标指针所在位置的坐标，应用标尺可以精确选取一定的范围和更准确地对齐对象。

【操作步骤】

①单击"文件"→"打开"命令，打开一幅素材文件。

②单击"视图"→"标尺"命令，即可显示标尺，效果如图1-27所示。

图1-27　显示标尺

③将鼠标指针拖曳到水平标尺与垂直标尺的相交处，单击并拖曳鼠标指针到图像编辑窗口中的合适位置，如图1-28所示。

图1-28　单击并拖曳鼠标

④释放鼠标即可更改标尺原点，此时图像显示效果如图1-29所示。

图1-29　更改标尺原点

⑤将鼠标指针移至水平标尺和垂直标尺的相交处，双击即可还原标尺原位置，如图1-30所示。

⑥单击"视图"→"标尺"命令，即可隐藏标尺，效果如图1-30所示。

图1-30　还原标尺和隐藏标尺

小提示：

按 Ctrl＋R 组合键，可以显示或隐藏标尺。

⑦选择工具箱中的标尺工具 ，拖曳鼠标指针到图像窗口，单击鼠标确认起始点，并向下拖曳，确定测量长度，如图 1-31 所示。

⑧单击"窗口"→"信息"命令，可打开"信息控制面板"，查看测量信息，如图 1-32 所示。

图 1-31 测量长度　　图 1-32 测量信息

⑨在测量工具属性栏中，单击"清除"按钮，即可消除标尺。

2. 网格（打开、隐藏、运用）

网格用于对齐参考线，以便在处理图像时对齐对象，使排放位置准确。

【操作步骤】

①单击"文件"→"打开"命令，打开一幅素材文件。

②单击"视图"→"显示"→"网络"命令，即可在图像中显示网络，效果如图 1-33 所示。

图 1-33 显示网格

③用上面同样的方法，可以隐藏网格。

④单击"编辑"→"首选项"→"参考线、网格和切片"命令，弹出"首选项"对话框（图 1-34），设置各选项，如图 1-35 所示。

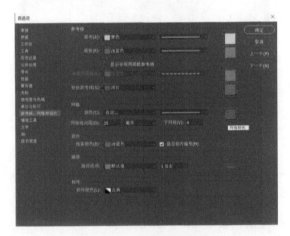

图 1-34 "首选项"对话框

图 1-35 设置蓝色网络

小提示：

按 Ctrl＋'组合键，可以显示或隐藏网格。

3. 参考线（创建、显示、隐藏）

参考线是浮动在整个图像上却不被打印的直线，可以移动、删除和锁定。参考线主要用于协助对齐和定位图形对象。

【操作步骤】

①单击"文件"→"打开"命令，打开一幅素材文件。

②单击"视图"→"标尺"命令，即可显示标尺，效果如图 1-36 所示。

图1-36　显示标尺

③单击"视图"→"新建参考线"命令，弹出"新建参考线"对话框，选中"垂直"选项，设置"位置"为3，单击"确定"按钮，即可创建垂直参考线，效果如图1-37所示。

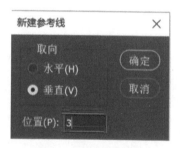

图1-37　"新建参考线"对话框

④单击"视图"→"新建参考线"命令，弹出"新建参考线"对话框，选中"水平"选项，设置"位置"为6，单击"确定"按钮，即可创建水平参考线，效果如图1-38所示。

图1-38　创建水平参考线

⑤单击"视图"→"清除参考线"命令，即可清除参考线，效果如图1-39所示。

图1-39　清除参考线

 小提示：

显示标尺后，在水平和垂直标尺上单击鼠标的同时，拖曳鼠标指针到图像窗口的合适位置，即可添加一条参考线。

任务2　实例讲解

熟悉了 Photoshop CC 2019 的工作环境、图像类型、颜色模式、图像分辨率、常用图像文件格式之后，下面通过两个简单的实例进一步熟悉所学知识，体验 Photoshop CC 2019 强大的图形图像处理功能。

2.1　调整图像大小并做立体外框

本实例的目标是通过打开、保存、设置图像和画布大小以及裁剪工具的应用，熟练掌握 Photoshop CC 2019 文件的基本操作。

2.1.1　【最终效果】

图1-40所示为本实例最终效果。

图1-40　立体外框

2.1.2 【解题思路】

①打开图像文件并修改大小；
②修改图像的显示比例并修改图像画布大小；
③裁剪图像使画布周围增加的宽度一致；
④将图像以指定名称保存。

2.1.3 【操作步骤】

①单击"文件"→"打开"命令，如图 1-41 所示。

图 1-41　"打开"对话框

②选择需要打开的图像文件，单击"打开"按钮，将图像打开，如图 1-42 所示。

图 1-42　打开图像

③单击"图像"→"图像大小"命令，打开"图像大小"对话框，如图 1-43 所示。在"图像大小"栏中将"宽度"设置为 10 厘米，单击"确定"按钮，效果如图 1-44 所示。

图 1-43　"图像大小"对话框

图 1-44　修改后图像大小

 小提示：

按 Alt＋Ctrl＋I 组合键，也可打开"图像大小"命令。

④在图像标题栏上单击并拖动鼠标向桌面中间移动，使图像以独立窗口的形式显示，并在状态栏中输入 200％，按 Enter 键确认，效果如图 1-45 所示。

图 1-45　以 200％的比例独立显示的窗口

 小提示：

使用导航器中的滑竿按钮，也可放大或缩小图像。

⑤单击"图像"→"画布大小"命令，打开"画布大小"对话框，如图 1-46 所示，在"新建大小"栏中将"宽度"设置为 15 厘米，"高度"设置为 12 厘米。

图 1-46　"画布大小"对话框

⑥单击"画布扩展颜色"栏后的按钮，弹出如图 1-47 所示的对话框。选择一种颜色或在文本框里输入颜色值，单击"确定"按钮，颜色即设置完成。返回"画布大小"对话框，单击"确定"按钮，效果如图 1-48 所示。

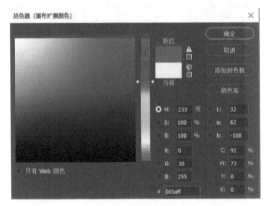

图 1-47　"选择画布扩展颜色"对话框

图 1-48　画布扩展后效果

⑦单击"裁剪工具"，绘制一个裁剪框，调整画布宽度，如图 1-49 所示。双击或按 Enter 键确认，效果如图 1-50 所示。

图 1-49　创建裁剪框

图 1-50　图像裁剪效果

⑧按 Ctrl＋A 组合键，将图形全部选中，如图 1-51 所示。单击"矩形选框工具"，单击工具选项卡中的"从选区减去"图标，沿着图形内沿绘制选区，在图像外围绘出一个矩形边框选区，如图 1-52 所示。

图 1-51　全选效果

图 1-52　矩形边框选区效果

⑨单击"图层"→"新建"→"通过剪切的图层"命令，如图 1-53 所示。

图 1-53　图层对话框

⑩单击图层 1，并单击图层面板中的"图层样式"图标 ，在下拉菜单中选择"斜面与浮雕"命令，如图 1-54 所示。在打开的对话框中，将"深度"设置为 260%，"大小"设置为 7 像素，"软化"设置为 3 像素，如图 1-55 所示。

图 1-54　"图层样式"命令

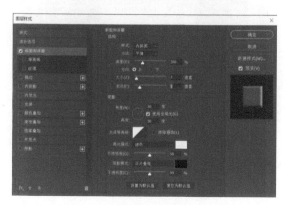

图 1-55　"斜面与浮雕"对话框

⑪单击"确定"按钮，效果如图 1-56 所示。

图 1-56　"立体外框"的效果

⑫单击"文件"→"存储为"命令，打开"另存为"对话框，如图 1-57 所示。

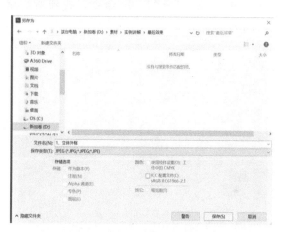

图 1-57　"另存为"对话框

小提示：

按 Ctrl＋Shift＋S 组合键，也可打开"另存为"命令，选择存储路径。

2.2　制作网点图像效果

网点图像效果在视觉上别有一番趣味，类似于一种油墨印刷的效果，很有旧上海的味道，常用于制作招贴画和海报等。本例重点是图像模式之间的转换，了解灰度模式的桥梁作用。

2.2.1　【最终效果】

图 1-58 所示为本实例效果图。

图 1-58　网点图像的效果

2.2.2　【解题思路】

转换图像模式。

2.2.3　【操作步骤】

①单击"文件"→"打开"命令，找到所需素材，如图 1-59 所示。

图 1-59　打开图像

②单击"图像"→"模式"→"灰度"命令，在弹出的对话框中单击"扔掉"按钮，将模式调整为灰度，得到如图 1-60 所示的效果。

图 1-60　灰度模式效果

③单击"滤镜"→"模糊"→"高斯模糊"命令，在弹出的对话框中设置半径为 2 像素，单击"确定"按钮，得到如图 1-61 所示的效果。

图 1-61　高斯模糊效果

📖　小提示：

"高斯模糊"命令模糊图像后，可使转换为位图后的图像变得较为平滑。

④单击"图像"→"模式"→"位图"命令，在弹出的对话框中设置"输出"为"300 像素/英寸"，单击"使用"后面的文本框，在弹出的列表中选择"半调网屏"选项，单击"确定"按钮，如图 1-62 所示。

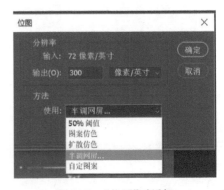

图 1-62　"位图"对话框

📖　小提示：

在"输出"数值框中的数值通常被设置为"输入"右侧数值的 3～4 倍。

⑤在弹出的"半调网屏"对话框中设置参数，如图 1-63 所示；单击"确定"按钮，得到如图 1-64 所示的效果。

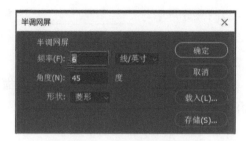

图1-63 "半调网屏"对话框

图1-64 处理后的效果

📖 小提示：

最终得到的网点大小与"频率"数值有直接的关系，可以尝试输入不同的数值，观察不同的效果。

⑥单击"图像"→"模式"→"灰度"命令，在弹出的对话框中设置"大小比例"为6，效果如图1-65所示。

图1-65 网点图像的效果

📖 小提示：

这样操作的目的是使位图模式生成的网点

变得更加平滑。

任务3 小试牛刀

通过对 Photoshop CC 2019 的工作环境和基本概念、基本操作方法的学习，相信大家对 Photoshop CC 2019 都有了一定的认识和了解。下面通过上机练习进一步掌握所学知识。

3.1 制作天空飞鱼

城市天空和飞鱼素材原图如图1-66所示。

原图1：城市天空　　　原图2：飞鱼素材

图1-66 原图

3.1.1 【最终效果】

本例制作完成后的最终效果如图1-67所示。

图1-67 天空飞鱼

3.1.2 【解题思路】

①打开两张图像；

②复制、粘贴或移动；

③自由变换；

④更改图层混合模式为"变亮"。

3.2 制作明信片

明信片原图如图 1-68 所示。

图 1-68 原图

3.2.1 【最终效果】

本例制作完成后的最终效果如图 1-69 所示。

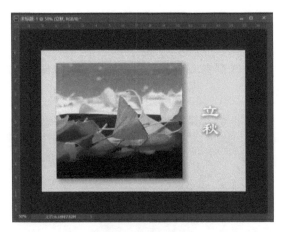

图 1-69 明信片效果

3.2.2 【解题思路】

①新建明信片文件，更改背景色；

②使用"移动工具""自由变换工具"更改图像的大小和位置；

③使用"图层样式"命令，做出立体效果。

习　题

1. 填充题

（1）在计算机领域中，所有图像分为_____和_____两种。

（2）图像分辨率与_____、_____有密切关系。

2. 选择题

（1）在 Photoshop 中，关于 PSD 格式描述正确的是（　　）。

A. 是 Photoshop 自己的格式

B. 通用的格式

C. 是跨平台的文件格式

D. 可以网络使用的格式

（2）Photoshop 工具箱的工具中，有黑色向右的小三角符号，表示（　　）。

A. 可以选出菜单

B. 可以点出对话框

C. 有并列的工具

D. 该工具有特殊作用

（3）RGB 的颜色模式是一种（　　）。

A. 印刷模式　　　　　　B. 油墨模式

C. 屏幕显示模式　　　　D. 照片模式

（4）以下文件格式带有压缩方式的是（　　）。

A. ＊.psd　　　　　　　B. ＊.png

C. ＊.jpeg　　　　　　　D. ＊.tiff

项目二 图像选区的应用

任务1 基础导读

1.1 选区的创建

创建图像选区对图像的编辑是非常重要的操作，它可以将需要的图像选取，也可以删除不需要的图像，还可以对选定的图像进行单独调整。下面介绍建立选区的方法和技巧。

1.1.1 运用工具创建

在 Photoshop 中，创建选区的工具有选框工具组、套索工具组、魔棒工具组等，它们的用法各不相同。

1. 创建规则选区

①选框工具组可以创建出矩形、椭圆、单行、单列等规则选区，如图 2-1 所示。

②单击"矩形选框工具" ，拖动鼠标绘制出一个矩形选区，释放鼠标，矩形选区就绘制完成，如图 2-2 所示。

图 2-1 选框工具组

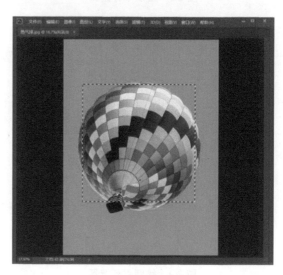

图 2-2 绘制矩形选区

小提示：

按住 Shift 键，在图像中按住鼠标左键拖动，可以创建正方形选区。

③"椭圆选框工具" ⚬ 的使用方法和"矩形选框工具" ⊡ 相似，用于创建椭圆选区。

小提示：

按住 Shift 键，在图像中按住鼠标左键拖动，可以创建圆形选区。

④"单行选框工具" ▱ 可以在图像中创建出 1 像素宽的横线选区，如图 2-3 所示。"单列选框工具" ▯ 可以在图像中创建出 1 像素宽的竖线选区，如图 2-4 所示。

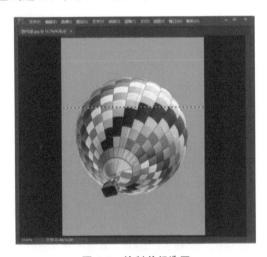

图 2-3　绘制单行选区

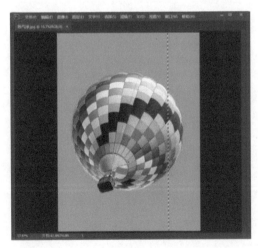

图 2-4　绘制单列选区

小提示：

使用单行或单列选框工具时，只需在图像中单击即可。

2. 创建不规则选区

①套索工具组主要创建不规则选区，如图 2-5 所示。

图 2-5　套索工具组

②"套索工具" ⚬ 可以在图像中选取形状比较复杂的区域。

③"多边形套索工具" ⧖ 可以在图像中精确地创建复杂轮廓的选定范围。

④"磁性套索工具" ⧖ 用于在图像中自动捕捉高对比度边界，选取形状极不规则的区域，如图 2-6 所示。

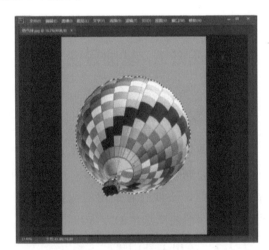

图 2-6　磁性套索工具

3. 创建颜色选区

①魔棒工具组主要用于选择图像中相似颜色以获取选区，如图 2-7 所示。

图 2-7　魔棒工具组

②"魔棒工具" ⚚ 可以选择图像中颜色相

同或颜色相近的区域，如图 2-8 所示。

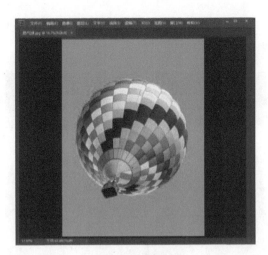

图 2-10　打开图像

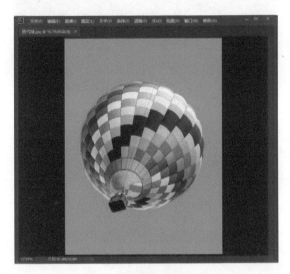

图 2-8　用魔棒工具获取白色

③"快速选择工具" ，按住鼠标不放可以像绘画一样选择需要的区域，如图 2-9 所示。

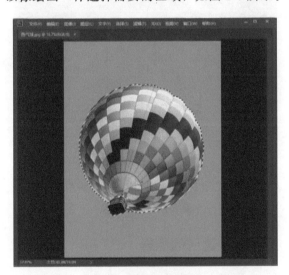

图 2-9　用快速选择工具获取蓝色背景选区

1.1.2　运用命令创建

1. 运用"色彩范围"命令自定义颜色选区

使用"色彩范围"命令可以在整个图像中选择指定的颜色，或者在选择范围中选择指定的颜色。

【操作步骤】

①按 Ctrl＋O 组合键，打开一幅素材，如图 2-10 所示。

②单击"选择"→"色彩范围"命令，弹出"色彩范围"对话框，设置各项参数，如图 2-11 所示。

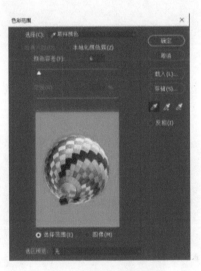

图 2-11　"色彩范围"对话框

③单击"色彩范围"对话框中的"添加到取样"按钮，将鼠标指针拖曳到图像中白色区域并单击鼠标，如图 2-12 所示。

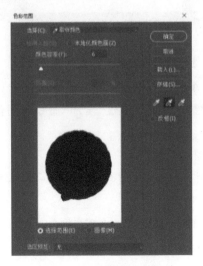

图 2-12　"色彩范围"对话框

④单击"确定"按钮，即可选中图像白色区域，如图 2-13 所示。

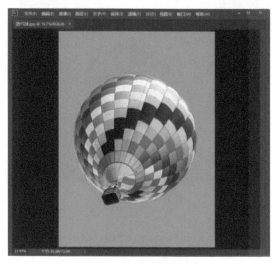

图 2-13 获取白色选区

⑤按 Alt＋Delete 组合键，使用前景色填充选区部分，如图 2-14 所示。

图 2-14 使用前景色填充

2. 运用"全部"命令全选图像选区

在编辑图像的过程中，若需要对整幅图像进行调整，则可以通过"全部"命令对图像进行调整。

【操作步骤】

①按 Ctrl＋O 组合键，打开一幅素材，如图 2-15 所示。

②单击"选择"→"全部"命令，即可选取全图，如图 2-16 所示。

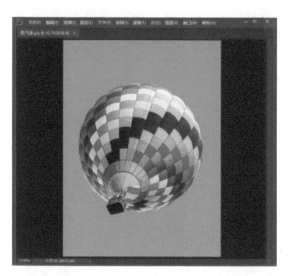

图 2-15 打开图像

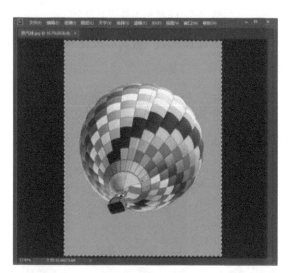

图 2-16 选取全图

1.2 选区的编辑

在图像中创建选区后，可以根据需要对选区进行调整，如进行修改、复制、存储等。

1.2.1 修改选区

1. 羽化命令

该命令主要是指柔化选区的边缘，使之产生一个渐变过渡。

2. 边界命令

该命令用于选择在现有选区边界的内部和外部的像素宽度。

【操作步骤】

①打开一幅素材，使用椭圆选框工具创建一个椭圆选区，如图 2-17 所示。

图 2-17 椭圆选区

②单击"选择"→"修改"→"羽化"命令，如图 2-18 所示，弹出"羽化选区"对话框，将"羽化半径"设置为 20 像素，如图 2-19 所示。

图 2-18 "羽化"命令

图 2-19 "羽化选区"对话框

③单击"确定"按钮。

④单击"选择"→"反向"命令，如图 2-20 所示。

图 2-20 反向效果

⑤按 Ctrl＋Delete 快捷键，用背景色白色填充选区，如图 2-21 所示。

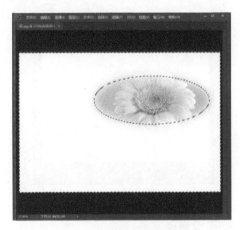

图 2-21 填充背景色效果

⑥右击鼠标，在弹出的下拉菜单中单击"反向"命令，使选区恢复椭圆选区形状。

⑦单击"选择"→"修改"→"边界"命令，如图 2-22 所示，弹出"边界选区"对话框，将"宽度"设置为 10 像素，如图 2-23 所示。

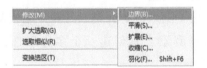

图 2-22 "边界"命令

图 2-23 "边界选区"对话框

⑧单击"确定"按钮，如图 2-24 所示。

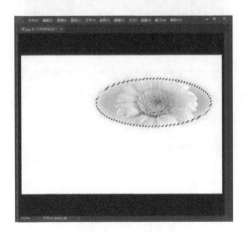

图 2-24 边界效果

⑨按 Alt＋Delete 快捷键，用前景色绿色填充选区，如图 2-25 所示。

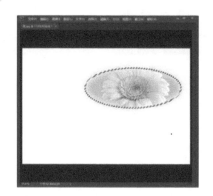

图 2-25　填充前景色效果

3. 平滑命令

该命令用于平滑选区的尖角和去除锯齿。

4. 扩展命令

该命令用于扩大选区的范围。

5. 收缩命令

该命令和扩展命令相反，缩小选区的范围。

【操作步骤】

①按 Ctrl＋O 组合键，打开一幅素材，使用多边形套索工具创建一个多边形选区，如图 2-26 所示。

图 2-26　多边形选区

②单击"选择"→"修改"→"平滑"命令，如图 2-27 所示，弹出"平滑选区"对话框，将"取样半径"设置为 30 像素，如图 2-28 所示。

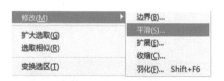

图 2-27　"平滑"命令

图 2-28　"平滑选区"对话框

③单击"确定"按钮，效果如图 2-29 所示。

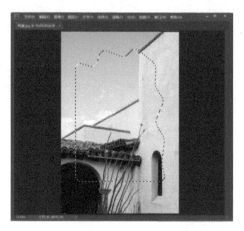

图 2-29　平滑效果

④用同样的方法，可以扩展或收缩选区。

6. 变换选区

该命令可以移动选区，改变选区形状，如缩放、旋转、扭曲等。

①按 Ctrl＋O 组合键，打开一幅素材，使用快速选择工具创建一个选区，如图 2-30 所示。

图 2-30　使用快速选择工具创建选区

②单击"选择"→"变换选区"命令，弹出变换控制框，如图 2-31 所示。

③单击鼠标右键，在弹出的下拉菜单中选择"垂直翻转"选项，如图 2-32 所示。

图 2-31　变换控制框

图 2-32　垂直变换选区

📖🔍 小提示：

变换选区时对选区内的图像没有任何影响，当运用"变换"命令时，则会将选区内的图像一起变换。

1.2.2　选区的剪切、拷贝与粘贴

【操作步骤】

①按 Ctrl＋O 组合键，打开一幅素材，使用矩形选框工具创建一个选区，如图 2-33 所示。

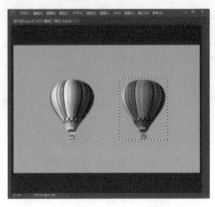

图 2-33　使用矩形选框工具创建选区

②单击工具箱底部的"设置背景色"色块，弹出"拾色器"对话框，设置各选项，如图 2-34 所示，单击"确定"按钮。

图 2-34　"拾色器"对话框

③单击"编辑"→"剪切"命令，即可剪切选区的图像，效果如图 2-35 所示。

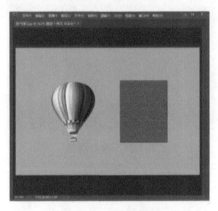

图 2-35　剪切图像

④单击矩形选框工具，创建一个矩形选区，如图 2-36 所示。

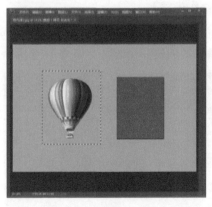

图 2-36　使用矩形选框工具创建选区

⑤单击"编辑"→"拷贝"命令，然后单击"编辑"→"粘贴"命令，即可粘贴复制的图像。"图层"面板中将自动生成"图层 1"，如图 2-37 所示。

图 2-37　"图层"面板

⑥使用移动工具，移动图像到合适位置，效果如图 2-38 所示。

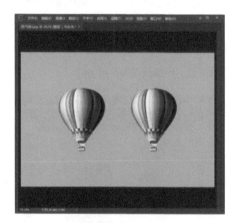

图 2-38　移动图像

📖🔍 **小提示：**

按 Ctrl＋C 组合键，可复制图像；按 Ctrl＋V 组合键，可粘贴图像。

1.2.3　选区的存储与载入

【操作步骤】

①按 Ctrl＋O 组合键，打开一幅素材，使用魔棒工具创建一个选区，如图 2-39 所示。

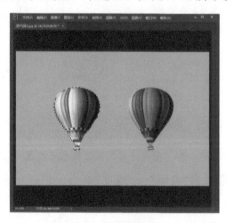

图 2-39　创建选区

②单击"选择"→"存储选区"命令，弹出"存储选区"对话框，设置各项，如图 2-40 所示，单击"确定"按钮。

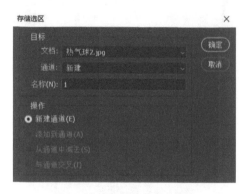

图 2-40　"存储选区"对话框

③按 Ctrl＋D 组合键，取消选区。

④单击"窗口"→"通道"命令，展开"通道"面板，如图 2-41 所示。

图 2-41　"通道"面板

⑤单击"选择"→"载入选区"命令，弹出"载入选区"对话框，设置各项，如图 2-42 所示。

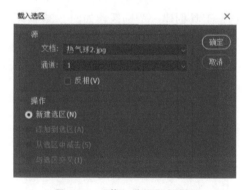

图 2-42　"载入选区"对话框

⑥单击"确定"按钮，即可载入选区，如图 2-43 所示。

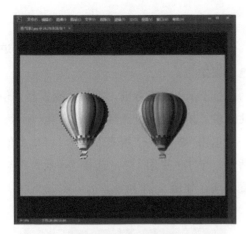

图 2-43　载入选区

1.3　选区的应用

在进行图像处理时，对选区中的图像操作有很多，如移动贴入、描边、填充等。

1.3.1　贴入选区图像

使用"拷贝"命令可以将选区内的图像复制到剪贴板上。使用"贴入"命令，可以将剪贴板中的图像粘贴到同一图像或不同图像的相应位置，并生成一个蒙版图层。

【操作步骤】

①按 Ctrl＋O 组合键，打开两幅素材，如图 2-44 所示。

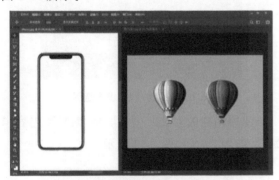

图 2-44　打开两幅素材

②使用矩形选框工具，在手机图像编辑窗口中创建一个选区，如图 2-45 所示。

③切换到热气球图像编辑窗口，单击"编辑"→"全部"命令，即可全选图像，如图 2-46 所示。按 Ctrl＋C 组合键复制图像。

④切换到手机图像编辑窗口，单击"编辑"→"选择性粘贴"→"贴入"命令，贴入复制的图像，如图 2-47 所示。

图 2-45　创建选区

图 2-46　全选图像

图 2-47　贴入图像

1.3.2　描边选区

使用"描边"命令可以为选区图像添加不同颜色和不同宽度的边框，以增加图像的视觉效果。

【操作步骤】

①按 Ctrl＋O 组合键，打开一幅素材，使用磁性套索工具创建一个选区，如图 2-48 所示。

图 2-48　创建选区

②单击"编辑"→"描边"命令，弹出"描边"对话框，单击"颜色"色块，弹出"选取描边颜色"对话框，设置各项，如图 2-49 所示。

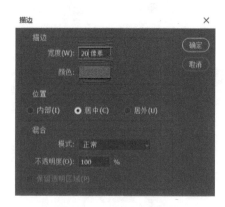

图 2-49　"描边"对话框

③单击"确定"按钮，即可对选区描边，按 Ctrl＋D 组合键取消选区，如图 2-50 所示。

图 2-50　描边选区

1.3.3　填充选区

"填充"命令功能强大，可以根据需要填充颜色和图案等。

①按 Ctrl＋O 组合键，打开一幅素材，使用磁性套索工具创建一个选区，如图 2-48 所示。

②单击"编辑"→"填充"命令，弹出"填充"对话框，单击"使用"栏，选择"前景色"选项，设置各项，如图 2-51 所示。

图 2-51　"填充"对话框

③单击"确定"按钮，即可填充图像，按 Ctrl＋D 组合键取消选区，如图 2-52 所示。

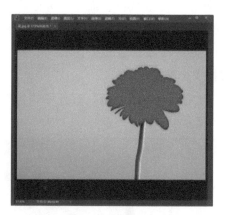

图 2-52　"前景色"填充选区

④用同样的方法，可以填充"图案""内容识别"，如图 2-53 和图 2-54 所示。

图 2-53　"图案"填充选区

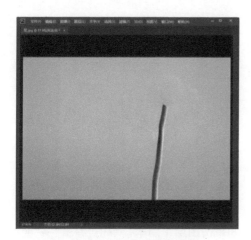

图 2-54 "内容识别"填充选区

任务 2　实例讲解

2.1　双胞胎海报的制作

本实例主要是通过魔棒工具建立选区。熟悉移动工具、复制操作、自由变换命令的使用，主要目标是经过练习，学会常用命令的使用。

2.1.1　【最终效果】

图 2-55 所示为本实例最终效果。

图 2-55 双胞胎海报效果

2.1.2　【解题思路】

①复制图像；

②自由变换，调整方向；

③移动位置。

2.1.3　【操作步骤】

①单击"文件"→"打开"命令，打开一幅素

材，如图 2-56 所示。

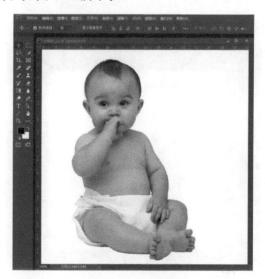

图 2-56 打开图像

②在画面人物外空白区域单击"魔棒工具"，调整合适的容差值，建立选区，使用 Ctrl＋Shift＋I 反选快捷键，将图中人物选中，如图 2-57 所示。

图 2-57 建立选区的图像

③按 Ctrl＋J 组合键，复制选区内容，自动生成为图层 1，如图 2-58 所示。

图 2-58 图层面板

④单击图层 1，使用移动工具 ，如图 2-59 所示。

图 2-62　双胞胎效果

⑧单击图层 1 副本，单击"编辑"→"变换"→"水平翻转"命令，按 Enter 键，使用"移动工具"调整图像位置，可以做出身体朝向相反的双胞胎效果，如图 2-63 所示。

图 2-59　图像移动后的效果

⑤复制图层 1。单击图层并拖曳到图层面板"新建图层"快捷图标 ▢ 上再释放，即可自动生成图层 1 副本，如图 2-60 所示。

图 2-60　图层 1 副本

⑥单击背景图层，再单击"编辑"→"填充"命令，如图 2-61 所示，在打开的"填充"对话框中选择背景色（白色），单击"确定"按钮。

图 2-63　双胞胎效果

⑨单击"渐变工具" ，打开"渐变编辑器"对话框（图 2-64），选择默认透明渐变，双击左侧色标，打开拾色器，选取合适色彩（本例使用色彩数值为♯91c0ff）在背景图层上进行填充，最终效果如图 2-65 所示。

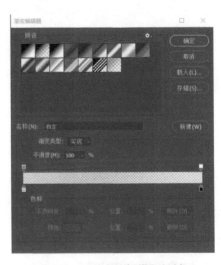

图 2-61　"填充"对话框

⑦单击图层 1，使用"移动工具" ，可以做出身体朝向一致的双胞胎效果，如图 2-62 所示。

图 2-64　"渐变编辑器"对话框

图 2-65　最终效果

2.2　时钟咖啡杯的制作

本实例主要是通过魔棒工具、色彩范围工具建立选区。熟悉移动工具、复制操作、自由变换命令、填色、混合模式的使用，主要目标是经过练习，学会常用命令的使用。

2.2.1　【最终效果】

图 2-66 所示为本实例最终效果。

图 2-66　时钟咖啡杯效果

2.2.2　【解题思路】

①魔棒工具、色彩范围建立选区，添加背景；

②自由变换，加入素材，调整大小；

③混合模式。

2.2.3　【操作步骤】

①单击"文件"→"打开"命令，打开一幅素材，如图 2-67 所示。

图 2-67　打开图像

②在画面咖啡杯外空白区域单击"魔棒工具"，调整合适的容差值，建立选区，使用 Ctrl＋Shift＋I 反选快捷键，将图中咖啡杯选中，如图 2-68 所示。

图 2-68　建立选区的图像

③按 Ctrl＋J 组合键，复制选区内容，自动生成为图层 1，如图 2-69 所示。

图 2-69　图层面板

④在背景图层上添加木纹素材图，使画面更加完整，如图 2-70 所示，效果如图 2-71 所示。

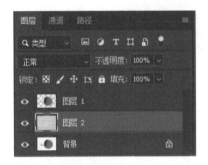

图 2-70　添加木纹

图 2-71　添加素材后

⑤打开时钟素材（图 2-72），单击工具栏"选择"→"色彩范围"命令，如图 2-73 所示，将拾色器置于时钟任意黑色区域，并将颜色容差调整至最大值（200），单击"确定"按钮，建立选区。

图 2-72　时钟素材

图 2-73　色彩范围工具栏

⑥新建图层 1，使用颜色填充工具填充深棕色，如图 2-74 所示。

图 2-74　新建图层

⑦将图层 1 拖曳至咖啡杯文件内，如图 2-75 所示，并使用自由变换工具调整图像位置和大小，将时钟放置在咖啡杯内。

图 2-75　图层位置示意

⑧选择图层面板中混合模式下拉菜单中的"强光"选项，即可将时钟与咖啡进行颜色混合，使效果更加逼真，如图 2-76 所示。

图 2-76　最终效果

任务3　小试牛刀

通过对图像选区工具的学习和掌握，下面通过两个实例进一步掌握其操作技巧。根据提示完成下面操作。

3.1　天空星星的制作

城市夜空原图如图 2-77 所示。

图 2-77　原图：城市夜空

3.1.1　【最终效果】

本例制作完成后的最终效果如图 2-78 所示。

图 2-78　天空星星

3.1.2　【解题思路】

①使用"单行单列工具"创建 1 像素选区；

②填充白色后，使用"橡皮擦工具"擦去多余图像；

③使用"画笔工具"丰富画面。

3.2　百叶窗的制作

城市风景原图如图 2-79 所示。

图 2-79　原图：城市风景

3.2.1　【最终效果】

本例制作完成后的最终效果如图 2-80 所示。

图 2-80　百叶窗效果

3.2.2　【解题思路】

①使用"矩形选框工具"制作叶片选区；

②使用"线性渐变工具"从深灰到浅灰；

③使用"画笔工具"画出百叶窗拉绳；

④通过复制图层、合并图层做出需要的叶片；

⑤单击"滤镜"→"模糊"→"高斯模糊"命令处理图像。

习　题

1. 填充题

(1)建立规则选区的选框工具有_____、_____、_____、_____。

(2)_____工具用于建立和鼠标落点颜色一致或相近的选区。

2. 选择题

(1)当画面有选择区域时，按住 Shift 键，可(　　)画面中的选择区域。

A. 增加　　　　　　　　B. 减少

C. 取消　　　　　　　　D. 反选

(2)下列属于不规则选择工具的是(　　)。

A. 椭圆选框工具　　　　B. 矩形选框工具

C. 魔棒工具　　　　　　D. 矩形工具

项目三　图像的绘制

【学习目标】

知识目标

● 掌握图像的绘制

● 了解修饰类工具

● 了解修复和修补工具

● 了解擦除工具

● 了解调色工具

重点难点

● 各种绘制工具和修饰类工具的使用

任务1　基础导读

对图像文件进行绘制是 Photoshop 的主要功能，在掌握了图像文件的基本操作、选区的创建和编辑后，本项目将讲解 Photoshop CC 2019 中强大的绘图工具、修饰和修补工具以及擦除和调色工具的操作方法。

1.1　绘制图像

在 Photoshop CC 2019 中，使用不同的绘图工具可以创建不同的绘图效果，可以根据需要自定义不同的绘图工具。

1.1.1　画笔工具

选择"画笔工具" ，在其工具属性栏(图 3-1)中，设置好相应的参数，在图像窗口中单击并拖动鼠标，即可用前景色绘出图像。运用画笔工具可以绘制出各种样式的图像，但在"画笔预设"面板中只列出了有限的预设画笔，

要想使用更多的画笔并控制笔触形状，需要在画笔工具属性栏中的"画笔面板"进行相应的设置，如图 3-2 和图 3-3 所示。

图 3-1　"画笔工具"的工具属性栏

图 3-2　绘制树叶

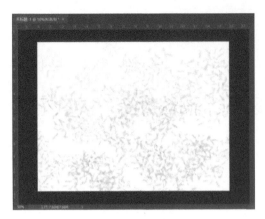

图 3-3　任意绘制

1. 设置笔尖形状

这是对笔触进行更详细的控制。

【操作步骤】

①单击"文件"→"打开"命令，打开一幅素材，如图 3-4 所示。

图 3-4　风景素材

②选取"画笔工具"，在其工具属性栏中单击"画笔面板"，展开"画笔面板"，如图 3-5 所示。

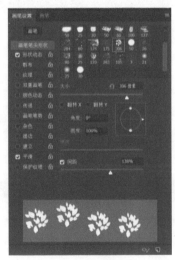

图 3-5　画笔面板

③设置前景色，设置大小、角度、圆度、间距，绘制图像，如图 3-6 所示，效果如图 3-7 所示。

图 3-6　设置笔尖形状参数

图 3-7　绘制后的图像效果

小提示：

按 F5 键也可展开"画笔面板"。

2. 设置形状动态

这是控制画笔笔迹的变化。

选中"画笔面板"左侧的"形状动态"复选框，设置各项，如图 3-8 所示，效果如图 3-9 所示。

图 3-8　设置形状动态参数

图 3-9　绘制后的图像效果

图 3-11　绘制后的图像效果

📖 **小提示：**

"形状动态"中各选项含义如下：

①"大小抖动"文本框：此文本框中的数值表示指定的画笔在绘制线条的过程中标记点大小的动态变化。

②"控制"列表框：其下拉列表中有 5 个选项，分别是关、渐隐、钢笔压力、钢笔斜度和光笔轮。

③"最小直径"列表框：在选择前两项后，"最小直径"用来指定画笔标记点可以缩小的最小尺寸，它是以画笔直径的百分比为基础的。

3. 设置散布

这是用来控制画笔偏离绘制路线的程度和数量。

选中"画笔面板"左侧的"形状动态"复选框，设置各项，如图 3-10 所示，效果如图 3-11 所示。

📖 **小提示：**

"散布"中各选项含义如下：

①"散布"选项：此参数控制使用画笔绘制的画笔偏离程度，百分比越大，偏离的程度越大。

②"两轴"选项：选择此项，画笔在 X 和 Y 两个轴向上产生分散，如果不选择，则只在 X 轴向上产生分散。

③"数量"选项：此参数控制画笔的数量。

④"数量抖动"选项：此参数控制画笔数量的波动幅度。

4. 设置纹理

这主要为画笔添加纹理效果。

选中"画笔面板"左侧的"纹理"复选框，设置各项，如图 3-12 所示，效果如图 3-13 所示。

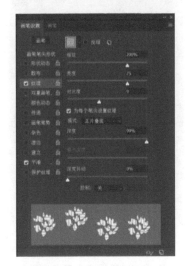

图 3-12　设置纹理参数

图 3-10　设置散布参数

图 3-13　绘制后的图像效果

图 3-15　绘制后的图像效果

📖 **小提示：**

"纹理"中各选项含义如下：

①"模式"列表框：在其下拉列表中可选择一种纹理与画笔的叠加模式。

②"深度"选项：用于设置所使用的纹理显示时的深度，数值越大，纹理效果越明显；反之，数值越小，画笔本身的效果则越清晰。

5. 设置双重画笔

这与"纹理"选项的原理基本相同，前者是画笔与画笔的混合，后者是画笔与纹理之间的混合。

选中"画笔面板"左侧的"双重画笔"复选框，设置各项，如图 3-14 所示，效果如图 3-15 所示。

图 3-14　设置双重画笔参数

📖 **小提示：**

"双重画笔"中各选项含义如下：

①"大小"选项：用于控制叠加画笔的大小。

②"间距"选项：用于控制叠加画笔的间距。

③"散布"选项：用于控制叠加画笔的分布。

④"数量"选项：用于控制叠加画笔的数量。

6. 设置颜色动态

这是设置画笔在绘画过程中的可变参数。

选中"画笔面板"左侧的"颜色动态"复选框，设置各项，如图 3-16 所示，效果如图 3-17 所示。

图 3-16　设置颜色动态参数

📖 **小提示：**

"颜色动态"中各选项含义如下：

①"前景/背景抖动"选项：控制画笔的颜色变化，数值越大越接近背景色；越小越接近前景色。

②"色相抖动"选项：控制画笔色相的随机

图 3-17　绘制后的图像效果

效果，数值越大越接近背景色；数值越小越接近前景色。

③"饱和度抖动"选项：指定画笔绘制线条的饱和度的变化范围。

④"亮度抖动"选项：指定画笔绘制线条的亮度的变化范围。

⑤"纯度"选项：控制画笔的纯度。

1.1.2　铅笔工具

"铅笔工具"可以绘制边缘比较生硬的图像。其工具属性栏上的各参数和"画笔工具"的基本相似，但多了一个"自动抹除"按钮。若单击该按钮，当笔尖落笔处图像的颜色与前景色相同时，会自动抹除前景色并用背景色进行填充，如图 3-18 所示。

图 3-18　自动抹除

1.1.3　颜色替换工具

颜色替换指用前景色替换图像中的颜色，可以保留图像原有的材质纹理与明暗，但不适用于"位图""索引"和"多通道"颜色模式的图像。

图 3-19 是原图，图 3-20 所示为使用"颜色替换工具"对图像进行颜色替换后的效果。

图 3-19　原图

图 3-20　颜色替换的效果

1.1.4　混合器画笔工具

"混合器画笔工具"是较为专业的绘画工具，通过其属性栏的设置可以调节笔触的颜色、潮湿度、混合颜色等，这些就如同在绘制水彩或油画时，随意地调节颜料颜色、浓度、颜色混合等，可以绘制出更为细腻的效果图。图 3-21 所示为使用"混合器画笔工具"后的效果。

图 3-21　使用"混合器画笔工具"后的效果

1.2 修饰类工具

修饰类工具可以通过设置画笔笔触参数直接在图像上涂抹，以修饰图像中的细节部分。

1.2.1 模糊工具

"模糊工具"可以使图像边界变得柔和、颜色过渡平缓。图 3-22 所示为使用"模糊工具"后的效果。

图 3-22　模糊效果

1.2.2 锐化工具

"锐化工具"与"模糊工具"相反，可以锐化图像像素，使其更清晰。图 3-23 所示为使用"锐化工具"后的效果。

图 3-23　锐化效果

1.2.3 涂抹工具

"涂抹工具"可以混合颜色。图 3-24 所示为使用"涂抹工具"后的效果。

图 3-24　涂抹效果

1.2.4 仿制图章工具

"仿制图章工具"可以修复图像。

【操作步骤】

①单击"文件"→"打开"命令，打开一幅素材，如图 3-25 所示。

图 3-25　素材原图

②选取"仿制图章工具"，拖曳鼠标指针到图像窗口，按住 Alt 键的同时单击鼠标即可选定取样点，然后在合适位置单击鼠标涂抹图像，就可复制图像，如图 3-26(a)所示，复制了一个苹果。

③用上述同样的方法，再复制一个苹果，则画面上出现了 3 个苹果，效果如图 3-26(b)所示。

(a)

(b)

图 3-26　使用仿制图章工具的效果

1.2.5　图案图章工具

"图案图章工具"可以直接在图像窗口绘制指定的图案。

【操作步骤】

①选取"图案图章工具" ，其工具属性栏设置如图 3-27 所示。

图 3-27　图案图章工具的工具属性栏

②单击并拖曳鼠标，效果如图 3-28 所示。

图 3-28　使用图案图章工具的效果

1.3　修复和修补工具

修复和修补工具常用于修复图像中的杂色和污点。

1.3.1　修复画笔工具

"修复画笔工具" 通过从图像中取样或用图案填充来修复图像。

【操作步骤】

①单击"文件"→"打开"命令，打开一幅素材，如图 3-29 所示。

图 3-29　素材原图

②选取"修复画笔工具" ，拖曳鼠标指针到图像窗口，按住 Alt 键的同时在需要修复的位置附近单击进行取样，释放 Alt 键，确认取样。

③在需要修复的位置单击并拖曳鼠标，即可修复图像，如图 3-30 所示。

图 3-30　使用修复画笔工具的效果

修复画笔工具和仿制图章工具的使用方法相同,都是复制取样点的图像。不同的是修复画笔工具在修复同时保留了原有图像的透明度、亮度和饱和度等,使修复后的像素不留痕迹地融入画像的其余部分。

1.3.2　修补画笔工具

"修补画笔工具"与"修复画笔工具"一样,用图像中的其他区域修复选中的区域,更适合修补较大面积的图像。

【操作步骤】

①单击"文件"→"打开"命令,打开一幅素材,如图 3-31 所示。

图 3-31　素材原图

②选取"修补画笔工具" ⌗,拖曳鼠标指针到图像窗口,在需要修补的位置单击,创建选区,如图 3-32 所示。

图 3-32　使用修补画笔工具创建选区

③单击并拖曳选区到图像颜色相近的位置,如图 3-33 所示。

图 3-33　拖曳到相近位置

④释放鼠标,即可完成修补操作;取消选区,效果如图 3-34 所示。

图 3-34　修复后的图像

1.3.3　污点修复画笔工具

"污点修复画笔工具"不需要指定采样点,直接在有杂色或污点的地方单击即可修复图像。

1.3.4　内容感知移动工具

"内容感知移动工具"可以把被圈定的图形移动到指定的位置并和当前位置的图像进行融合。

【操作步骤】

①单击"文件"→"打开"命令,打开一幅素材,如图 3-35 所示。

图 3-35　素材原图

②选取"内容感知移动工具" ✂，创建选区，圈定苹果，如图 3-36 所示。

图 3-36　使用内容感知移动工具创建选区

③单击并拖曳选区到指定位置，如图 3-37 所示。

图 3-37　拖曳到指定位置

④释放鼠标，苹果移动到指定位置，取消选区，效果如图 3-38 所示。

图 3-38　取消选区后的图像

1.3.5　红眼工具

"红眼工具"是一个专门用于修饰数码照片的工具，常用来去除照片中人物的红眼，直接在红眼的部位单击即可。

1.4　擦除工具

1.4.1　橡皮擦工具

"橡皮擦工具"的功能就是擦除颜色，可以将图像更改为背景色或透明色。

【操作步骤】

①单击"文件"→"打开"命令，打开一幅素材，如图 3-39 所示。

图 3-39　素材原图

②单击"橡皮擦工具" ✎，擦除背景图层的效果是擦除部分被更改为背景色（默认为白色），如图 3-40 所示。

图 3-40　在背景图层擦除的效果

1.4.2　背景橡皮擦工具

"背景橡皮擦工具"可以将图层上指定像素的颜色涂擦掉,被擦除区域以透明色显示。工具属性栏中"容差"值的大小,决定被擦除图像颜色和取样颜色差异的大小,数值越小,擦除的颜色越接近取样颜色,擦除的范围越小。

单击"背景橡皮擦工具" ,在拖动时将图层上的像素涂抹成透明色,并保留对象的边缘,如图 3-41 所示。

图 3-41　"容差"值为 50% 的擦除效果

1.4.3　魔术橡皮擦工具

"魔术橡皮擦工具"可以自动分析颜色并将其擦成透明色,相当于使用"魔棒工具"选择颜色相似的区域,再按 Delete 键将其删除。

单击"魔术橡皮擦工具" ,在图像背景中拖曳即可大面积擦除所选像素,如图 3-42 所示。

图 3-42　使用魔术橡皮擦的效果

1.5　调色工具

1.5.1　减淡工具

"减淡工具"可以用来加亮图像的局部,通过提高图像选区的亮度来校正曝光。

【操作步骤】

①单击"文件"→"打开"命令,打开一幅素材,如图 3-43 所示。

图 3-43　素材原图

②选择"矩形选框工具" ,在图像中做一个矩形选区,如图 3-44 所示。

图 3-44　矩形选区

③选取"减淡工具"，在图像选区中涂抹，效果如图3-45所示。

图3-45　减淡效果

📖 **小提示：**

"减淡工具"工具属性栏中主要选项的含义如下：

①"范围"列表框：a."暗调"作用于图像的阴影区。b."高光"作用于图像的高光区。c."中间区"作用于图像的中间色调区域。

②"曝光度"文本框：曝光度值设置越高，减淡工具的使用效果越明显。

1.5.2　加深工具

"加深工具"可以通过增加曝光度来降低图像中某个区域的亮度。

选取"加深工具"，在图像选区中涂抹，效果如图3-46所示。

图3-46　加深效果

📖 **小提示：**

"加深工具"工具属性栏的使用方法和"减淡工具"的完全相同，只是效果相反。

1.5.3　海绵工具

选取"海绵工具"，在图像选区中涂抹，效果如图3-47所示。

注："流量"的数值控制增加或降低饱和度的程度。

图3-47　海绵效果(去色)

📖 **小提示：**

"海绵工具"工具属性栏中主要选项的含义如下：

①"饱和"文本框：可增加图像中的饱和度。

②"减淡饱和度"文本框：可减少图像中的饱和度。

任务2　实例讲解

2.1　邮票的制作

本实例主要是熟悉"画笔"面板的设置，通过设置画笔制作邮票外形，主要目标是经过练习，学会"画笔"面板的基本设置。

2.1.1　【最终效果】

图3-48所示为本实例最终效果。

图 3-48　邮票效果

2.1.2 【解题思路】

①"画笔"面板的设置和使用；

②选区的运用；

③图层顺序的更改。

2.1.3 【操作步骤】

①单击"文件"→"打开"命令，打开一幅素材，如图 3-49 所示。

图 3-49　素材原图

②选择"铅笔工具"，设置前景色为"白色"。

③打开"画笔"面板，设置画笔形状、间距，如图 3-50 所示。

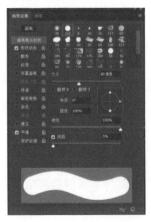

图 3-50　"画笔"面板

④新建图层 1，按住 Shift 键绘制如图 3-51 所示的矩形形状。

图 3-51　画笔绘制出的形状

⑤双击背景图层，使其转换为普通图层，默认为"图层 0"。

⑥激活"图层 0"，选择"矩形选框工具"，在刚绘制好的矩形形状上创建矩形选区，如图 3-52 所示。

图 3-52　矩形选区

⑦按 Shift ＋ Ctrl ＋ L 组合键反选，按 Delete 键删除选区图像，如图 3-53 所示。

图 3-53　删除图层 0 选区内容

⑧取消选区。载入"图层 0",按 Shift＋Ctrl＋L 组合键反选,激活"图层 1",按 Delete 键删除选区图像,如图 3-54 所示。

图 3-54 删除图层 1 选区内容

⑨取消选区。载入"图层 1",关闭"图层 1"眼睛。激活"图层 0",按 Delete 键删除选区图像,如图 3-55 所示。

图 3-55 删除图层 0 选区内容

⑩取消选区。载入"图层 0",单击"矩形选框工具"中"从选区中减去"■按钮,创建矩形选区,如图 3-56 所示。

图 3-56 创建矩形选区

⑪按 Ctrl＋Delete 组合键,填充背景色为白色,如图 3-57 所示。

图 3-57 白色填充

⑫取消选区。新建"图层 2",调整顺序放在最底层,按 Alt＋Delete 组合键,填充前景色为黑色,如图 3-58 所示。

图 3-58 黑色填充

2.2 绘制花纹

本实例主要是运用"画笔工具"通过不同的画笔形状以及颜色的变换来制作花纹图案。

2.2.1 【最终效果】

图 3-59 所示为本实例最终效果。

图 3-59 花纹图样效果

2.2.2 【解题思路】

①更改画笔大小和色彩；

②设置更复杂的"画笔"面板。

2.2.3 【操作步骤】

①按 Ctrl＋N 组合键打开"新建"对话框，在该对话框中将宽度和高度分别设置为 16 厘米、12 厘米，背景色为白色，分辨率为 300 像素/英寸，如图 3-60 所示。

图 3-60　新建的图像窗口

②单击"画笔工具"，弹出"画笔设置"对话框，选择"散布叶片 95 号"，画笔设置如图 3-61 所示。

图 3-61　画笔设置

③单击"画笔工具"，设置前景色为＃7ecef4（蓝色），在画面中绘制图形，如图 3-62 所示。

图 3-62　绘制蓝色叶片

④单击"画笔工具"，更改前景色为＃8fc31f（绿色），在画面中绘制图形，如图 3-63 所示。

图 3-63　绘制绿色叶片

⑤继续使用"画笔工具"，更改前景色为＃a0a0a0（灰色），在画面中绘制图形，如图 3-64 所示。

图 3-64　绘制灰色叶片

⑥继续使用"画笔工具"，更改前景色为＃7e0043（淡红色），在画面中绘制图形，如图 3-65 所示。

图 3-65　绘制淡红色叶片

⑦单击"画笔工具"，选择"柔角 165 号"，前景色为＃7ecef4（蓝色），在画面中绘制圆点图形，如图 3-66 所示。

图 3-66　绘制淡蓝色圆点

任务 3　小试牛刀

为了进一步巩固所学知识，按照提示完成下面实例。

3.1　绘制闪光效果

原图素材如图 3-67 所示。

图 3-67　原图素材

3.1.1　【最终效果】

本例制作完成后的最终效果如图 3-68 所示。

图 3-68　闪光效果

3.1.2　【解题思路】

①使用交叉排线 4 号画笔，调整大小和颜色；

②使用柔角 30 号画笔，调整大小和颜色。

3.2　美白肌肤

原图素材如图 3-69 所示。

图 3-69　素材原图

3.2.1　【最终效果】

本例制作完成后的最终效果如图 3-70 所示。

图 3-70　美化后的效果

3.2.2　【解题思路】

①复制背景图层；

②使用"污点修复画笔工具"修复雀斑；

③使用"模糊工具"美化皮肤（不要模糊嘴、眼睛和眉毛）；

④使用"减淡工具"提亮皮肤颜色；

⑤使用"海绵工具"为嘴唇加色。

习　题

1. 填充题

（1）_____工具可以不设置图像源，直接在需要修复的图像中进行编辑操作。

（2）_____工具是以复制图像的方式进行图像修复处理的。

（3）用于把图像提亮的工具是_____，用于把图像变暗的工具是_____。

（4）可以降低图像色彩饱和度的工具是_____的_____功能。

2. 选择题

（1）下面工具可以将图案填充到选区内的是（　　）。

A. 画笔工具　　　　　B. 图案图章工具

C. 橡皮擦工具　　　　D. 涂抹工具

（2）涂抹工具勾选属性栏的手指绘画选项，是以（　　）。

A. 前景色涂抹

B. 光标位置颜色涂抹

C. 不能涂抹

项目四　图像色彩和色调的调整

【学习目标】

知识目标

● 掌握图像色彩和色调的调整

重点难点

● 对图像进行色调与色彩的调整

任务1　基础导读

颜色在图像的修饰中是很重要的内容，它可以产生对比效果，使图像更加绚丽。正确运用颜色能使黯淡的图像明亮绚丽，使毫无特色的图像充满活力。Photoshop CC 2019强大的图像调整功能是众多平面图像处理软件不能与它相媲美的原因之一。在用 Photoshop 进行图像处理时，经常需要进行图像颜色的调整，如调整图像的色相、饱和度或明暗度等，Photoshop CC 2019 提供了大量的色彩调整和色彩平衡命令，本章将对这些命令分别进行介绍。

下面先介绍色彩的一些概念。

1.1　色彩的基本概念

色彩，可分为无彩色和有彩色两大类。前者如黑、白、灰等颜色，后者如红、黄、蓝等颜色。有彩色就是光谱上的某些色相，统称为彩调。与此相反，无彩色就没有彩调。无彩色有明有暗，表现为白、黑，也称色调。有彩色表现很复杂，但可以用3组特征值来确定；一是彩调，也就是色相；二是明暗，也就是明度；三是色强，也就是纯度、彩度。色彩三要素：

色相、明度、饱和度(纯度)。

色相：色彩可呈现出来的质地面貌，主要取决于光的波长(图4-1)。

紫　蓝　青　绿　黄　橙　红

图4-1　色相

明度：指色彩的明亮程度。

纯度：指色彩的纯净度，掺杂白色越多，纯度越低。

亮度：光的强弱程度，与光的能量有关。

色阶：明度的分级和度量。

纯度高的色彩会有一种向前的倾向，而暗浊的色彩则会有退后之感，如此一来，色彩层次很分明。站在设计的层面上思考色彩的纯度，自然要将色彩的色相、明度考虑进去。不管使用哪种色彩，如何进行配置，色相、明度、纯度是很难分开的，也是不能孤立的。对于一件设计作品而言，色彩的明度处理是非常重要的。因为在设计时除了需要考虑色彩的感情外，还必须认真考虑配色中黑、白、灰的层次感。这就是色彩配置的明度关系。不同明度的色彩配置在一起时将产生变化万千的层次感，如图4-2所示。

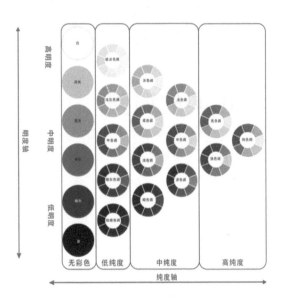

图 4-2　色彩图

1.1.1　色阶

色阶是指图像中颜色或颜色中的某一组成部分的亮度范围。选择"图像"→"调整"→"色阶"命令，或按 Ctrl＋L 组合键，弹出"色阶"对话框，如图 4-3 所示。此图是根据每个亮度值（0～255）处像素点的多少来划分的，最暗的像素点在左边，最亮的像素点在右边。

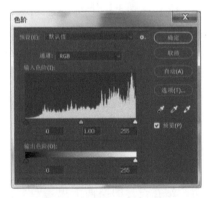

图 4-3　"色阶"对话框

（1）通道：其右侧的下拉列表中包括了图像所使用的所有色彩模式，以及各种原色通道。如图像应用 CMYK 模式，即在该下拉列表中包含 CMYK、洋红、黄、青色、黑色 5 个通道。在通道中所做的选择将直接影响该对话框中的其他选项。

（2）输入色阶：用来指定选定图像的最暗处（左边的框）、中间色调（中间的框）、最亮处（右边的框）的数值，改变数值将直接影响着色调分布图 3 个滑块的位置。

（3）输出色阶：通过在右侧的两个输入框中进行数值输入，可以调整图像的亮度和对比度。

（4）吸管工具：其中有 3 个吸管工具，由左至右依次是"设置黑场"工具、"设置灰点"工具、"设置白场"工具，单击即可在图像中以取样点作为图像的最亮点、灰平衡点和最暗点。

（5）自动：单击该按钮，将自动对图像的色阶进行调整。

1.1.2　自动色阶

单击"图像"→"调整"→"自动色阶"命令，组合键是 Ctrl＋Shift＋L，这个命令不会出现对话框，可以自动定义，使图像中最亮的像素变白，最暗的像素变黑，然后按比例重新分配其像素值。

📖　**小提示：**

一般来说，此命令对于调整简单的灰阶图比较合适。

1.1.3　自动对比度

单击"图像"→"调整"→"自动对比度"命令，也可按组合键 Alt＋Shift＋Ctrl＋L，可以自动调整图像的对比度，并且可以连续地调整图像，效果十分明显。

1.1.4　自动颜色

单击"图像"→"调整"→"自动颜色"命令，组合键为 Alt＋Ctrl＋B，可以对图像的色相、饱和度和亮度以及对比度进行自动调整，将图像的中间色调均化并修整白色和黑色的像素。

1.1.5　曲线

"曲线"命令是用来调整图像的色彩范围的，与"色阶"命令相似，不同的是"色阶"命令只能调整亮部、暗部和中间色调，而"曲线"命令将颜色范围分成若干个小方块，每个方块都可以控制一个亮度层次的变化，不仅可以调整图像的亮部、暗部和中间色调，还可以调整灰阶曲线中的任何一个点。

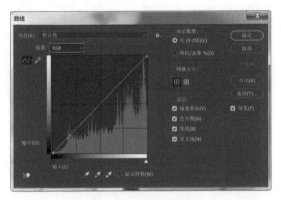

图 4-4 "曲线"对话框

打开一幅图片，单击"图像"→"调整"→"曲线"命令(组合键是 Ctrl＋M)，了解如图 4-4 所示的对话框。在该对话框中，水平轴向代表原来的亮度值，类似"色阶"中的输入，垂直轴向代表调整后的亮度值，类似"色阶"中的输出。曲线图下方有一个切换按钮，可以将亮度条两端相互转变。移动鼠标到曲线图上，该对话框中的"输入"和"输出"会随之发生变化。单击图中曲线上的任一位置，会出现一个控制点，拖曳该控制点可以改变图像的色调范围。单击右下方的"曲线工具" 〜 ，可以在图中直接绘制曲线，单击"铅笔工具" ✎ 可以在曲线图中绘制自由形状的曲线。

📖 **小提示：**

Photoshop 将图像的暗调、中间调和高光通过这条线段来表达。线段左下角的端点代表暗调，右上角的端点代表高光，中间的过渡代表中间调。在左方和下方有两条从黑到白的渐变条。

1.1.6 色彩平衡

该命令可以粗略地调整图像的总体混合效果，只有在复合通道中才可用。

打开素材图 4-6(a)，单击"图像"→"调整"→"色彩平衡"命令(组合键是 Ctrl＋B)，弹出"色彩平衡"对话框(图 4-5)。

图 4-5 中，3 个滑块用来控制各主要色彩的变化；3 个单选按钮可以选择"暗调""中间色调"和"高光"来对图像的不同部分进行调整；选

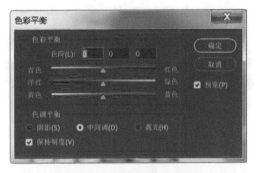

图 4-5 "色彩平衡"对话框

择"预览"可以在调整的同时随时观看生成的效果；选择"保持亮度"，图像像素的亮度值不变，只有颜色值发生变化，效果如图 4-6(b)所示。

（a）原图　　　　　（b）修改后

图 4-6 修改前后对比

1.1.7 亮度/对比度

"亮度/对比度"可以粗略地调整图像的色调范围。

打开素材图 4-8(a)，单击"图像"→"调整"→"亮度"→"对比度"命令，弹出"亮度/对比度"对话框(图 4-7)。在此对话框中，亮度和对比度的设定范围是－100～100，通过调整可将图像"亮度/对比度"增加，效果如图 4-8(b)所示。

图 4-7 "亮度/对比度"对话框

（a）原图　　　　　（b）修改后

图 4-8 修改前后对比

1.1.8　色相/饱和度

"色相/饱和度"不但可以调整图像的色相、饱和度和明度，还可以分别调整图像中不同颜色的色相、饱和度和明度，或使图像成为一幅单色调图像。

单击"图像"→"调整"→"色相/饱和度"命令，弹出"色相/饱和度"对话框（图4-9），对话框最下面的两个色谱，上面的表示调整前的状态，下面的表示调整后的状态。

图4-9　"色相/饱和度"对话框

（1）编辑：其下拉列表中包括红色、黄色、绿色、青色、蓝红和洋红6种颜色，可选择一种颜色单独调整，也可以选择"全图"选项，对图像中的所有颜色整体调整。

（2）色相：拖动滑块或在数值框中输入数值可以调整图像的色相。

（3）饱和度：拖动滑块或在数值框中输入数值可以增大或减小图像的饱和度。

（4）明度：拖动滑块或在数值框中输入数值可以调整图像的明度，设定范围是−100～100。

（5）着色：选中后，可以对图像添加不同程度的灰色或单色。

（6）吸管工具：该工具可以在图像中吸取颜色，从而达到精确调节颜色的目的。

（7）添加到取样：该工具可以在当前被调节颜色的基础上，增加被调节的颜色。

（8）从取样中减去颜色：该工具可以在当前被调节颜色的基础上，减少被调节的颜色。

打开素材图4-10（a），通过色相饱和度的调整，可对图片进行个性化的设计，效果如

图4-10（b）所示。

（a）原图　　　　　　（b）修改后

图4-10　修改前后对比

📖 **小提示：**

不应将Photoshop的暂存磁盘与操作系统设置在同一个分区，因为这样做会使Photoshop与操作系统争夺可用的资源，会导致整体性能的下降。在打开Photoshop时按下Ctrl和Alt键，这样就能在Photoshop载入之前改变它的暂存磁盘。

1.2　色彩和色调的高级应用

1.2.1　去色

使用"去色"命令可以去掉图像中的所有颜色值。打开素材图4-11（a），并将其转换为相同色彩模式的灰度图像，效果如图4-11（b）所示。

（a）原图　　　　　　（b）修改后

图4-11　修改前后对比

📖 **小提示：**

去色组合键是Ctrl＋Shift＋U。

1.2.2　匹配颜色

使用"匹配颜色"可以将一个图像文件的颜色与另一个图像文件的颜色相匹配，从而使这两张色调不同的图像自动调节成为统一协调的颜色。

打开素材库中两张图片（图4-12、图4-13）。

图 4-12　素材图 1

图 4-13　素材图 2

选择图 4-12，单击"图像"→"调整"→"匹配颜色"命令，弹出"匹配颜色"对话框(图 4-14)。

图 4-14　"匹配颜色"对话框

"匹配颜色"对话框设置如下。

(1)目标图像：当前选中图片的名称、图层以及颜色模式。

(2)图像选项：可以通过"亮度""颜色强度""渐隐"选项来调整颜色匹配的效果。

"亮度"：可以增加或减少目标图层的亮度，最大值是 200，最小值是 1。

"颜色强度"：可以调整目标图层中颜色像素值的范围，最大值是 200，最小值是 1。

"渐隐"：可以控制应用于图像的调整量。

(3)中和：可以使源文件和将要进行匹配的

目标文件的颜色进行自动混合，产生更加丰富的混合色。

(4)图像统计：如果在源文件中建立选区并希望使用选区中的颜色进行匹配，选择"使用源选区计算颜色"选项。

(5)源：在其下拉列表中选择图 4-15 为匹配的目标文件。单击"确定"按钮，得到匹配结果，如图 4-16 所示。

图 4-15　匹配的目标文件

图 4-16　匹配结果

1.2.3　替换颜色

"替换颜色"命令能够将图像全部或选定部分的颜色用指定的颜色进行替换。

打开图 4-18(a)，单击"图像"→"调整"→"替换颜色"命令，弹出"替换颜色"对话框(图 4-17)。

图 4-17　"替换颜色"对话框

(1)吸管工具 ：在图像中吸取需要替换

颜色的区域，并确定需要替换的颜色。![笔]可以连续地吸取颜色。

（2）颜色容差：选定颜色的选取范围，值越大，选取颜色的范围越大。

（3）替换：通过对色相、饱和度和明度的调整来进行图像颜色的替换。

（4）结果：执行该选项，在弹出的"拾色器"对话框中可以选择一种颜色作为替换色，从而精确控制颜色的变化，效果如图4-18(b)所示。

（a）原图　　　　（b）修改后

图4-18　修改前后对比

1.2.4　可选颜色

"可选颜色"命令可以对RGB、CMYK和灰度等色彩模式的图像进行分通道的颜色调节，以此来校正图像颜色的平衡。

打开素材图4-20(a)，单击"图像"→"调整"→"可选颜色"命令，弹出"可选颜色"对话框（图4-19）。

图4-19　"可选颜色"对话框

（1）颜色：在其下拉列表中选择所要调整的颜色通道，然后拖动下面的颜色滑块来改变颜色的组成。

（2）"方法"后面的相对：选中后，调整图像时将按图像总量的百分比来更改现有的青色、洋红、黄色或黑色。例如，将30%的红色减少20%，则红色的总量为30%×20%＝6%，结果就是红色的像素总量变为24%。

（3）绝对：调整图像时将按绝对的调整值在特定图像颜色中增加或减少的百分比数值。例如，图像中有40%的洋红，如果增加了20%，则增加后的洋红数值为60%。

利用"可选颜色"命令调整图像前后的变化，效果如图4-20(b)所示。

（a）原图　　　　（b）修改后

图4-20　修改前后对比

1.2.5　通道混合器

打开素材图4-22(a)，单击"图像"→"调整"→"通道混合器"命令，弹出"通道混合器"对话框（图4-21）。

图4-21　"通道混合器"对话框

（1）输出通道：在其下拉列表中选择需要调整的输出通道。

（2）源通道下面的各颜色滑块：拖动各滑块，可以调整相应颜色在输出通道中所占的比例。向左拖动滑块或在对话框中输入负值，可以减少该颜色通道在输出通道中所占的比例。

（3）常数：拖曳滑块，可以增加该通道的补色，即可以添加具有各种不透明度的黑色或白色通道。

（4）单色：选中"单色"，可以创建只包含灰度值的彩色图像。

利用"通道混合器"命令的效果如图4-22所示。

（a）原图　　　　　（b）修改后

图 4-22　修改前后对比

📖 **小提示：**

"图像"→"调整"→"通道混合器"命令可以实现从细致的颜色调整到图像的基本颜色的彩色变化，但只能用于 RGB 和 CMYK 颜色模式的图像。

1.2.6　渐变映射

"渐变映射"命令用来将图像中相等的灰度范围映射到所设定的渐变填充色中。默认情况下，图像的暗调、中间调和高光分别映射到渐变填充的起始颜色、中间端点和结束颜色。

打开素材图 4-24(a)，单击"图像"→"调整"→"渐变映射"命令，弹出"渐变映射"对话框（图 4-23）。

图 4-23　"渐变映射"对话框

单击渐变条右侧的三角形，打开下拉列表，选择或编辑渐变填充样式。

(1)仿色：使色彩过渡更平滑。

(2)反向：可以使现有的渐变色逆转方向。

使用"渐变映射"命令的效果如图 4-24(b)所示。

（a）原图　　　　　（b）修改后

图 4-24　修改前后对比

1.2.7　照片滤镜

"照片滤镜"命令类似于传统摄影中滤光镜的功能，即模拟在相机镜头前加上彩色滤光镜，从而使胶片产生特定的曝光效果。照片滤镜可以有效地对图像的颜色进行过滤，使图像产生不同颜色的滤色效果。

打开素材图 4-26(a)，单击"图像"→"调整"→"照片滤镜"命令，弹出"照片滤镜"对话框（图 4-25）。

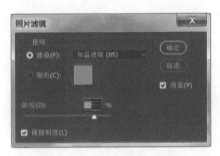

图 4-25　"照片滤镜"对话框

(1)滤镜：可以在其下拉列表中选取滤镜的效果。

(2)颜色：单击该色块，弹出"拾色器"对话框，根据画面的需要选择滤镜颜色。

(3)浓度：拖动滑块以便调整应用于图像的颜色数量，数值越大，应用的颜色调整越大。

(4)保留颜色：在调整颜色的同时保持原图像的亮度。

使用"照片滤镜"命令的效果如图 4-26(b)所示。

（a）原图　　　　　（b）修改后

图 4-26　修改前后对比

1.2.8　阴影/高光

"阴影/高光"命令可以处理图片中过暗或过亮的图像，并尽量恢复其中的图像细节，保证图像的完整性。

打开素材图 4-29(a)，单击"图像"→"调整"→"阴影/高光"命令，打开"阴影/高光"对话框(图 4-27)，选中对话框中的"显示更多选项"复选框，可以打开扩展项(图 4-28)。

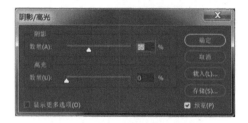

图 4-27 "阴影/高光"对话框

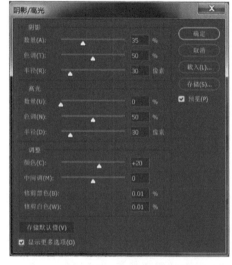

图 4-28 扩展项

"阴影/高光"对话框扩展后，除了包含原有的两个基本参数外，又扩展出了如下多个高级参数。

(1)数量：在"暗调"和"高光"区域中拖动该滑块，可以对图像暗调或高光区域进行调整，该数值越大则调整的幅度也越大。

(2)色调宽度：在"暗调"和"高光"区域中拖动该滑块，可以控制对图像的暗调或高光部分的修改范围，该数值越大则调整的范围也越大。

(3)半径：在"暗调"和"高光"区域中拖动该滑块，可以控制每个像素周围的局部相邻像素的大小，该大小用于确定像素是在暗调还是在高光中，即可以确定哪些区域是暗调，哪些区域是亮调，向左移动可以指定较小的区域，向右移动可以指定较大的区域。

(4)颜色校正：此选项仅适用于彩色图像。拖动滑块或在数值框中输入数值，可以对图像的颜色进行微调，数值越大则图像中的颜色饱

和度越高，反之饱和度则越低。

(5)中间调对比度：此选项用来调整中间调中的对比度。拖动滑块或在数值框中输入数值，调整位于暗调和高光部分之间的中间色调，使其与调整暗调和高光后的图像相匹配。

(6)修剪黑色、修剪白色：在数值框中输入数值，可以确定新的暗调截止点(设置"修剪黑色"数值)和新的高光截止点(设置"修剪白色"数值)，这两个数值设置得越大则图像的对比度越强。

使用"阴影/高光"命令的效果如图 4-29 所示。

（a）原图　　　　　（b）修改后

图 4-29 修改前后对比

1.2.9 反相

使用"反相"命令可以制作类似照片底片的效果，它可以对图像进行反相，即将黑色变为白色，或者从扫描的黑白阴片中得到一个阳片。若是一幅彩色的图像，它能够将每一种颜色都反转成它的互补色。将图像反转时，通道中每个像素的亮度值都会被转换成 256 级颜色刻度上相反的值。例如，运用"反相"命令，图像中亮度值为 255 的像素会变成亮度值为 0 的像素，亮度值 55 的像素会变成亮度值为 200 的像素。

选择打开素材图 4-30(a)，单击"图像"→"调整"→"反相"命令(组合键为 Ctrl＋I)，即可对图像进行反相调整。图像使用"反相"命令前后的效果对比如图 4-30 所示。

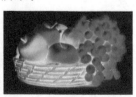

（a）反相前　　　　　（b）反相后

图 4-30 反相前后对比

1.2.10　色调均化

使用"色调均化"命令可以查找图像中最亮和最暗的像素，并以最暗处像素值表示黑色（或相近的颜色），以最亮处像素值表示白色，然后对图像的亮度进行色调均化。当扫描的图像显得比原稿暗且要平衡这些值以产生较亮的图像时，使用此命令能够清楚地显示亮度调整前后的对比结果。

打开素材图4-31(a)，单击"图像"→"调整"→"色调均化"命令，Photoshop将自动对原始图像中像素的亮度值进行调整，调整后的效果如图4-31(b)所示。

(a)原图　　　　　(b)修改后

图 4-31　修改前后对比

1.2.11　阈值

使用"阈值"命令，可以将一幅灰度或彩色图像转换为高对比度的黑白图像。使用该命令可以制作黑白风格的图像效果，它能将一定的色阶指定为阈值。

打开素材图4-33(a)，执行"图像"→"调整"→"阈值"命令，弹出"阈值"对话框（图4-32），

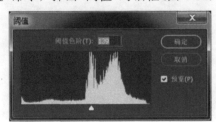

图 4-32　"阈值"对话框

通过设置"阈值色阶"参数，可以使图像转换为高对比度的黑白图像，转换后的效果如图4-33(b)所示。

(a)原图　　　　　(b)修改后

图 4-33　修改前后对比

1.2.12　色调分离

"色调分离"命令可以定义色阶的多少，在灰阶图像中可以用此命令来减少灰阶数量。

打开素材图4-35(a)，执行"图像"→"调整"→"色调分离"命令，弹出"色调分离"对话框（图 4-34）。

图 4-34　"色调分离"对话框

"色阶"数值框中的数值确定了颜色的色调等级，数值越大，颜色过渡越细腻；数值越小，图像的色块效果越明显[图4-35(b)～图4-35(d)]。

(a)原图　　　　(b)设置"色阶"为2时的效果

(c)设置"色阶"　　　(d)设置"色阶"
为3时的效果　　　　为10时的效果

图 4-35　色块效果

1.2.13 HDR 色调

HDR 的全称是 High Dynamic Range，即高动态范围。动态范围是指信号最高和最低值的相对比值。目前的 16 位整型格式使用从"0"（黑）到"1"（白）的颜色值，但是不允许所谓的"过范围"值，比如金属表面比白色还要白的高光处的颜色值。

在 HDR 的帮助下，可以使用超出普通范围的颜色值，因而能渲染出更加真实的 3D 场景。简单来说，HDR 效果主要有 3 个特点：

（1）亮的地方可以非常亮；

（2）暗的地方可以非常暗；

（3）亮暗部的细节都很明显。

图 4-36 "HDR 色调"对话框和效果图

 小提示：

像素总量＝宽度×高度（以像素点计算），文件大小＝像素总量×单位像素大小；打印尺寸＝像素总量/设定分辨率。

任务 2　实例讲解

在产品激烈竞争的今天，产品的质量固然重要，产品的包装更是不可缺少的一部分。现代设计的理念是降低成本，增加视觉效果。人们在感受空间环境时，首先是注意色彩，然后才会注意到物体的形状及其他因素。前面已经了解了色彩的基本概念，色彩的魅力举足轻重，影响着人们的精神感觉，下面通过灵活多样的色彩调整方式对图片做各种特殊效果的处理。

2.1　绘制一张光盘

本实例的目标是通过渐变色设置、色彩平衡等应用，制作一个简易的光盘。

2.1.1　【最终效果】

图 4-37 所示为本实例最终效果。

图 4-37　光盘

2.1.2　【解题思路】

①用相减模式画出同心圆；

②存储调用选取；

③利用编辑、变换、透视及旋转制作盘面；

④调整图像的色彩。

2.1.3　【操作步骤】

①新建一个 5 厘米×5 厘米，分辨率为 300 像素/英寸，色彩模式为 RGB 模式，背景色为白色的画布（图 4-38）。

图 4-38　新建文档

②调整显示出网格线，用"椭圆选取工具"画两个同心圆，画小圆时要采用"相减模式"（图 4-39）。

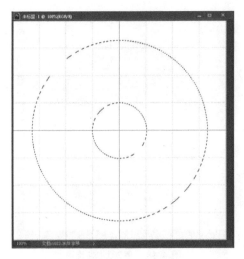

图 4-39 同心圆

③然后"存储选区"，起名为"光盘"，如图 4-40 所示。

图 4-40 "存储选区"对话框

④画一个如图 4-41 所示的矩形，再按如图设置的填充色自上而下进行填充。

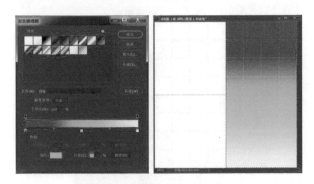

图 4-41 "填充矩形"对话框

⑤单击"编辑"→"变换"→"透视"命令，将矩形变换成如图 4-42 所示的三角形，复制该图层，并单击"编辑"→"变换"→"旋转"命令，将复制的新图层旋转、移动调整好位置(图 4-43)。

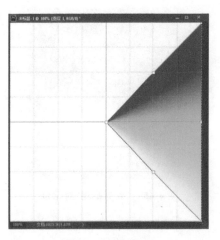

图 4-42 透视效果

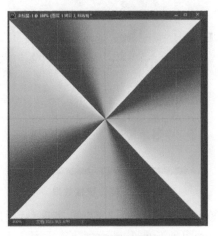

图 4-43 旋转效果

⑥复制的图层要将画布盖住，然后将几个图层合并，执行"载入选区"命令，并将选区反选，将选区外的部分删除，如图 4-44 所示。

图 4-44 反选删除效果

⑦单击"反选"→"滤镜"→"模糊"→"径向模糊"命令，参数设置如图 4-45 所示，效果如图 4-46 所示。

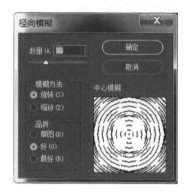

图 4-45 "径向模糊"对话框

图 4-46 径向模糊效果

⑧单击"图像"→"调整"→"亮度/对比度"命令，参数设置如图 4-47 所示。

图 4-47 "亮度/对比度"对话框

⑨单击"图像"→"调整"→"色彩平衡"命令，效果如图 4-48 所示。

 小提示：

在"编辑→首选项→文件处理"中，可以对显示在"文件→最近打开文件"子菜单中最近打开的文件设置数目。Photoshop 会对最近的 30 个文件保持追踪记录，但它不会理会你所指定的编号而只会显示出你指定的几个条目。实际上，你可以增加里面所显示的最近文件数，这样就能够方便迅速地查看。

图 4-48 色彩调整效果

2.2 黑白照片上色

本实例的目标是通过色彩平衡等应用，为黑白照片添加色彩。

2.2.1 【最终效果】

图 4-49、图 4-50 所示分别为本实例的原图和最终效果。

图 4-49 黑白原图

图 4-50 最终效果

2.2.2 【解题思路】

本例多次应用色彩平衡功能，并通过图层样式叠加颜色，将原本黑白的图片赋予了新的生命。在调整的过程中，需要单独对图片中女性的嘴唇、头发及项链的颜色进行叠加，让人物变得更加自然、生动。

2.2.3 【操作步骤】

①打开素材图 4-49，用曲线调整一下照片的对比度，再单击"滤镜"→"锐化"命令。

②单击图层面板下方的"创建新的填充或调整图层"按钮，选择"色彩平衡"调整图层（图 4-51～图 4-54），分别调整阴影、中间调、高光中的颜色参数，效果如图 4-55 所示。

图 4-51　"图层"面板

图 4-52　色彩平衡 1

图 4-53　色彩平衡 2

图 4-54　色彩平衡 3

图 4-55　皮肤调整效果

③新建图层，使用"套索工具"将嘴形描下来，羽化半径为 5，填充为红色，图层样式选择"叠加"（图 4-56），效果如图 4-57 所示。

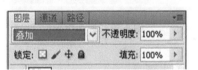

图 4-56　图层叠加

图 4-57　嘴唇效果

④用上述同样的方法将头发用"套索工具"选取，执行"新建图层"→"羽化"命令，填充白色，并执行"图层"→"饱和度"命令，调整不透明度为 80％，如图 4-58 所示。

图 4-58　图层饱和度

⑤用"椭圆选框工具"，选择"增加选区"，将圆形项链全部选取，新建图层，羽化半径为 5，填充蓝色，图层样式选择"叠加"，完成最终效果如图 4-59 所示。

图 4-59　最终效果

📖 小提示：

给黑白照片上色的方法有很多，这只是其中的一种，其实你只需要熟练地掌握工具的使用，用什么方法都是可以达到同一个目的的。

任务 3　小试牛刀

根据上面所示范例，相信大家对色彩调整已经有了更加感性的认识，接下来请同学们根据下面的提示，自己来练一练照片做旧。

要制作逼真的老照片，破旧的纹理素材非常奏效。制作时只要把照片叠加到纹理素材上面，再稍微调整一下颜色并把边缘及中间做出残缺的效果即可。

打开素材图 4-60 及图 4-62，通过一系列调整后最终做出图 4-61 所示的效果。

图 4-60　原图

图 4-61　旧照片

1.【解题思路】

①打开图 4-62，将图 4-60 拖入并放置其上，随后隐藏该图层，并使用"多边形套索工具"（快捷键 L），沿着相框的灰色部分做出选区。

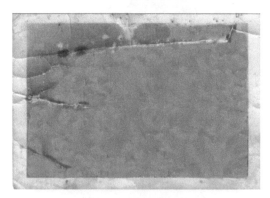

图 4-62　空白旧照片

②显示照片图层，单击图层蒙版图标。在图层蒙版图标后，可以看到在照片图层中出现了有白色边框的黑色方框，这意味着照片已经被覆盖上了蒙版（图 4-63、图 4-64）。原图黑色的区域是隐藏的区域，而白色的区域是非隐藏区域。建立新图层，并将图层 1 置于背景层下作为绘画的画框，执行"反选"→"删除"命令，完成效果如图 4-65 所示。

图 4-63　"图层"面板

图 4-64　"图层/叠加"对话框

图 4-65　效果图

③单击"滤镜"→"杂色"→"添加杂色"命令，按图 4-66 的设置为画框填充背景颜色。

图 4-66　"添加杂色"对话框

图 4-67　杂色效果

④单击"图层"→"新调整图层"→"色相/饱和度"命令，使用图 4-68 所示的设置。接着，要做出老照片泛黄的效果，单击"图层"→"新调整图层"→"色彩平衡"命令，并且应用如图 4-69 所示的设置。

图 4-68　"色相/饱和度"对话框

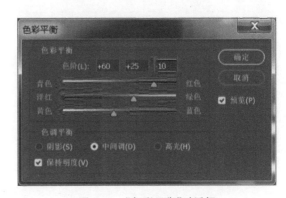

图 4-69　"色彩平衡"对话框

⑤新建渐变图层，在图 4-70 所示的"渐变编辑器"对话框中设置各项参数，并将该图层的混合模式更改为柔光，不透明度设置为 73%，渐变色填充为＃3a5750、＃b97729（图 4-71）。

图 4-70 "渐变编辑器"对话框

图 4-71 "图层"面板

⑥单击"叠加"命令。

2.【最终效果】

最终效果如图 4-72 所示。

图 4-72 最终效果

习 题

1. 填充题

(1)当图像是_____模式时,所有的滤镜都不可以使用。

(2)不透明度选项值在 0～100,数值越小,透明度_____。

2. 选择题

(1)在所有的彩色模式中,(　　)的文件是最小的,所以适用于多媒体动画或网页作品。

A. RGB　　　　　　　　B. 索引颜色

C. CMYK　　　　　　　D. 灰度

(2)CMYK 模式的图像有(　　)种颜色通道。

A. 1　　　　　　　　　B. 2

C. 3　　　　　　　　　D. 4

(3)"匹配颜色"命令仅适用于(　　)模式的图像,可以匹配不同图像之间、多个图层之间或者多个选区之间的颜色,还可通过更改亮度和色彩范围来调整图像的颜色,在多幅图像之间进行色调匹配。

A. RGB　　　　　　　　B. 索引颜色

C. CMYK　　　　　　　D. 灰度

项目五　Photoshop 图层的运用

【学习目标】

知识目标

● 了解 Photoshop CC 2019 图层的基本概念

● 熟悉 Photoshop CC 2019 图层的工作界面

重点难点

● Photoshop CC 2019 的图层样式操作

任务 1　基础导读

我们在使用 Photoshop 时几乎都会使用到图层功能，下面我们就来全面剖析 Photoshop CC 2019 的图层功能，帮助大家详细了解图层这个 Photoshop 中最基本而又重要的工具。

1.1　图层概念

使用图层可以在不影响整个图像中大部分元素的情况下处理其中一个元素。我们可以把图层想象成是一张一张叠起来的透明胶片，每张透明胶片上都有不同的画面，改变图层的顺序和属性可以改变图像的最终效果。通过对图层的操作，使用它的特殊功能可以创建很多复杂的图像效果。

图层面板（图 5-1）上显示了图像中的所有图层、图层组和图层效果。我们可以使用图层菜单（图 5-2）上的各种命令来完成一些图像编辑任务，如创建、隐藏、复制和删除图层等。还可以使用图层模式改变图层上图像的效果，如添加阴影、外发光、浮雕等。另外，我们可以通过对图层的光线、色相、透明度等参数进行修改来制作不同的效果。

图层面板如图 5-1 所示，可以看到图层上图像的缩略图。图 5-2 显示了"图层"面板最简单的功能，包括新建、复制、删除图层，图层样式，图层蒙版，栅格化，图层编组，合并图层等。

　　图 5-1　"图层"面板　　　　图 5-2　"图层"菜单

在"窗口"菜单下选择"图层"就可以打开"图层"面板。如果想改变缩略图的大小，单击图5-3上的三角形按钮展开功能菜单，选择"面板选项"，打开"图层面板选项"对话框（图5-4），然后设置缩略图的显示大小。

图5-3　选择"面板选项"

图5-4　"图层面板选项"对话框

小提示：

为了使计算机运行的速度加快，可以选择关闭"缩略图"功能，即在图5-4中选择"无"。

1.2　图层类型

在打开不同格式的图像文件时，"图层"面板中会显示多种不同形式的图层。"图层"面板中有背景图层、普通图层、文字图层、形状图层、调整图层、填充图层、样式图层和蒙版图层。

每次新建一个Photoshop文件时图层会自动建立一个背景图层（使用白色背景或彩色背景创建新图像时），这个图层是被锁定的，位于图层的最底层（图5-5）。我们无法改变背景图层的排列顺序，同时也不能修改它的不透明度或混合模式。如果按照透明背景方式建立新文件时，如图5-6所示，图像就没有背景图层，最下面的图层不会受到功能上的限制。

图5-5　"背景"图层

小提示：

如果实在不愿意使用Photoshop强加的受限制背景图层，我们也可以将它转换成普通图层，让它不再受到限制，具体方法：在"图层"面板中双击背景图层，打开"新建图层"对话框（图5-6），然后根据需要设置图层选项，单击"确定"按钮，"图层"面板上的背景图层已经转换成普通图层了。

图5-6　"新建图层"对话框

1.3 图层操作

1.3.1 新建图层

在图层菜单选择"新建图层"或者在"图层"面板下方单击"新建图层/新建图层组"按钮(图5-7)即可新建图层。

图5-7 "新建图层/新建图层组"按钮

📖 **小提示:**

1. 工具箱可通过顶部按钮将默认的单列方式改为双列方式。

2. 按住Shift+Ctrl+N快捷键的同时单击该工具组的按钮,即可切换一种工具。

1.3.2 复制图层

需要制作同样效果的图层,可以选中该图层,单击鼠标右键,选择"复制图层"选项(图5-8);需要删除图层就选择"删除图层"选项;双击图层的名称可以重命名图层。

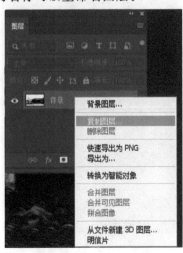

图5-8 "复制图层"选项

1.3.3 颜色标志

右键单击图层缩览图,可对图层进行颜色标记,方便归纳与寻找图层。选择"图层属性"选项,可以给当前图层进行颜色标志(图5-9),有了颜色标志后在"图层"面板中查找相关图层就会更容易一些。

图5-9 图层颜色标记

1.3.4 栅格化图层

一般我们建立的文字图层、形状图层、矢量蒙版和填充图层之类的图层,是不能在它们的图层上再使用绘画工具或滤镜进行处理的。如果需要在这些图层上再继续操作就需要使用到栅格化图层了,它可以将这些图层的内容转换为平面的光栅图像。

栅格化图层的办法:一是可以选中图层,单击鼠标右键,选择"栅格化图层"选项;二是在"图层"菜单中选择"栅格化文字"选项(图5-10)。

图5-10 "栅格化文字"选项

1.3.5 合并图层

在设计时很多图形都分布在多个图层上,而对这些已经确定的图形不会再修改了,我们就可以将它们合并在一起以便于图像管理。合并后的图层中，所有透明区域的交叠部分都会保持透明。

如果是将全部图层都合并在一起，可以选择菜单中的"合并可见图层"等选项(图5-11)。如果选择其中几个图层合并，根据图层上内容的不同，有的需要先进行栅格化之后才能合并。

图 5-11　"合并可见图层"选项

1.4　图层管理

在 Photoshop 中，图层占有十分重要的地位。实现一个好的图像构思往往需要建立多个图层，而多个图层之间又存在一定的联系，那么如何实现关联图层的统一管理呢？下面来进行介绍。

1.4.1　选择图层

如果图像有多个图层，必须选取要使用的图层才能正常地修改图层上的图像，对图像所做的更改只影响这一个图层。一次只能有一个图层成为可编辑的图层，这个图层的名称会显示在文档窗口的标题栏中(图5-12)，选中图层显示为浅灰色图层(图5-13)。

图 5-12　图层名称

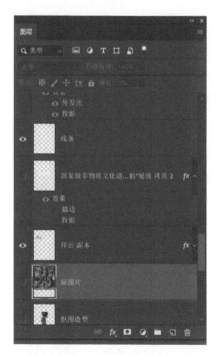

图 5-13　选中图层

1.4.2　隐藏、显示图层内容

在我们不需要对某些图层上的内容进行修改时，可以将这些图层上的内容隐藏起来，设计面板上只留下要编辑的图层内容，这样一来就可以更清楚地对作品做修改了。在"图层"面板中单击图层旁边的眼睛图标就可以隐藏该图层的内容(图5-14)，再次单击该处可以重新显示图层内容。

图 5-14　显示隐藏图层

1.4.3 更改图层顺序

在图层面板上排列的图层一般是按照我们操作的先后顺序堆叠的，但很多时候我们还需要更改它们的上下顺序以达到设计的效果，更改方法：可以在"图层"面板中将图层向上或向下拖移(图 5-15)，当显示的突出线条出现在要放置图层或图层组的位置时松开鼠标按钮即可。

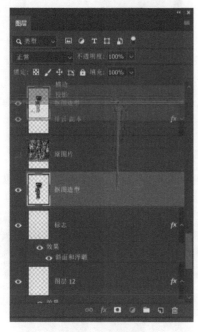

图 5-15　移动图层

如果要将单独的图层移入图层组中，直接将图层拖移到图层组文件夹即可。

📖 **小提示：**

1. Ctrl＋]组合键：选定图层往上移一层；Ctrl＋Shift＋]组合键：移到最顶层。

2. Ctrl＋[组合键：选定图层往下移一层；Ctrl＋Shift＋[组合键：移到最底层。

1.4.4 链接图层

将两个或更多的图层链接起来，就可以同时改变它们的内容了。从所链接的图层中还可以进行复制、粘贴、对齐、合并、应用变换和创建剪贴组等操作。单击图层，该图层后面会出现链接图标及链接的图层(图 5-16)。

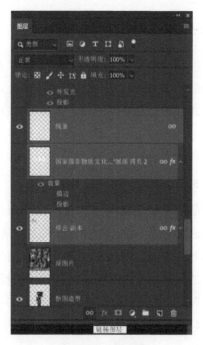

图 5-16　链接图层

1.4.5 锁定图层

如果隐藏图层是为了在修改时保护这些图层不被更改的话，锁定图层则是最彻底的保护办法。在"图层"面板中有一个像"锁"一样的图标，选中要锁定的图层单击这个图标就可以锁定图层了，图层锁定后图层名称的右边会出现一个锁图标(图 5-17)。

图 5-17　锁定图层

1.5　图层混合模式

图层混合模式决定当前图层中的像素与其下面图层中的像素以何种模式进行混合，简称图层模式。图层混合模式是 Photoshop CC 2019 中最核心的功能之一，也是图像处理中最为常用的一种技术手段。

1.5.1　图层不透明度设置

图层的不透明度决定它显示自身图层的程度：不透明度为 1% 的图层显得几乎是透明的，而透明度为 100% 的图层显得完全不透明。图层的不透明度的设置方法是在"图层"面板中"不透明度"选项中设定透明度的数值，100% 为完全显示（图 5-18）。

图 5-18　"不透明度"设置

1.5.2　图层混合模式

使用图层混合模式可以创建各种图层特效，实现充满创意的平面设计作品。Photoshop CC 2019，中有 27 种图层混合模式，每种模式都有其各自的运算公式。因此，对同样的两幅图像设置不同的图层混合模式，得到的图像效果也是不同的。根据各混合模式的基本功能，图层混合模式大致分为 6 类（图 5-19）。

图 5-19　图层混合模式

1.5.3　混合模式对比

打开素材图 5-20，对荷花设置混合模式。

正常　　　　　溶解　　　　　变暗

正片叠底　　　颜色加深　　　线性加深

深色　　　　　变亮　　　　　滤色

颜色减淡	线性减淡	浅色
叠加	柔光	强光
亮光	线性光	点光
实色混合	差值	排除
减去	划分	色相
饱和度	颜色	明度

图 5-20　混合模式对比

任务 2　实例讲解

前面我们学习了图层的基础知识，通过灵活应用图层功能可以对图片做各种特殊效果的处理，下面就来亲自试试身手吧！

2.1　制作海报

本实例的目标是通过裁剪图片、抠图、设置图层蒙版、调整图层位置及图层样式等应用，熟练掌握 Photoshop CC 2019 图层的基本操作。

2.1.1　【最终效果】

图 5-21 所示为本实例最终效果。

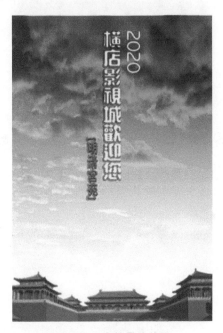

图 5-21　海报最终效果

2.1.2　【解题思路】

①打开素材图，并修改图像大小，用魔术棒选取空白部分并删除；

②利用图层蒙版合成图片；

③输入文字，并为文字设置图层样式；

④合并图层并保存为 JPG 格式。

2.1.3　【操作步骤】

①打开素材图 5-22，选择"裁切工具" ，将图像上部保留（图 5-22）。

图 5-22　横店

③单击"图像"→"画布大小"命令，按照图 5-23 调整数值。

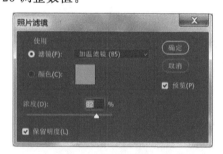

图 5-23　"照片滤镜"对话框

④选择"魔术棒"[图]，将天空选取并删除，如图 5-24 所示。

图 5-24　去除天空效果

⑤打开素材图"晚霞.jpg"，并将图片拖入正在编辑的窗口，将"宫殿图层"放在"晚霞图层"上面（图 5-25、图 5-26）。

图 5-25　合并天空效果

图 5-26　移动图层位置

⑥单击[图]，默认前景色与背景色，单击图层窗口下方"图层蒙版"（图 5-27），为"晚霞"添加图层蒙版，蒙版与图像之间由相连。

📖 小提示：

右击[图]，可对图层蒙版进行停用、删除、应用、添加等操作。

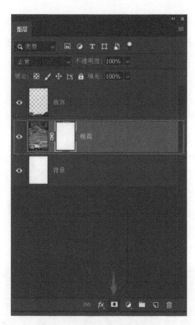

图 5-27　图层蒙版

⑦选择"渐变工具"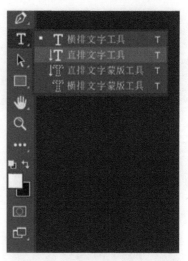，按住 Shift 键，在编辑窗口自上而下拖动，形成如图 5-28 所示的效果。

图 5-29　"直排文字工具"选项

图 5-28　天空渐变效果

⑧选择"直排文字工具"选项（图 5-29），字体设置为黑体，调整好大小，分 3 次输入相应文字（图 5-30），并将文字"2020"不透明度设置为 40%。

⑨双击文字图层"横店影视城欢迎您"，打开图层属性面板，选择"阴影"选项，按照图 5-31 调整各项数值。

图 5-30　输入文字

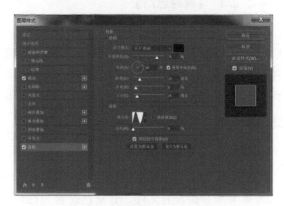

图 5-31　"图层样式/投影"对话框

⑩选择"描边"选项，按照图 5-32 进行设置，调整好后单击"确认"按钮，最终效果如图 5-33 所示。

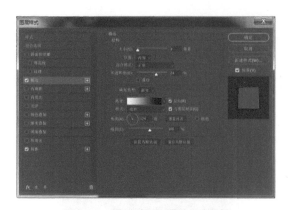

图 5-32 "图层样式/描边"对话框

图 5-33 最终效果

2.2 制作自然画框

2.2.1 【解题思路】

此例巧妙地应用了磁性套索工具、羽化、Ctrl＋Alt＋J 组合键（复制选取到新图层）等应用制作合成图像效果。这里详细地讲解了 Photoshop 的图层功能。掌握了这些基础知识之后，我们才能在实践中游刃有余地操作。

2.2.2 【操作步骤】

①新建一个 135 像素(高)×208 像素(宽)，分辨率为 300 像素的文件，背景色设置为白色。

②打开素材图 5-34 和图 5-35，将图 5-35 移动到图 5-34 中，调整马的位置及大小，将马的图层隐藏起来，用磁性套索工具抠选遮挡马匹的树干，利用 Ctrl＋Alt＋J 组合键，将复制的

树干图层移动到马匹的上一个图层，最后再将图 5-36 放到图层最上方即可，效果如图 5-37 所示。

图 5-34 动物抠图

图 5-35 树林

图 5-36 边框素材

图 5-37 自然画框

任务3 小试牛刀

通过以上的练习，相信大家对图层的概念与使用有了一定的了解，接下来请同学们根据下面的提示，自己来练一练制作中国画。

素材图如图5-38及图5-39所示。

图5-38 皖南

图5-39 书法

1.【最终效果】

本例制作完成后的最终效果如图5-40所示。

图5-40 最终效果

2.【解题思路】

①编辑"皖南"，并将图层复制，选择混合模式中的线性光；

②将"书法"图层中的背景删除，可通过"吸管"工具吸取白色，选择"反选"，将文字选中，然后拖入"皖南"图像的左上角；

③建立新图层，并将图层1置于背景层下，作为绘画的画框；

④改变画布大小（图5-41）；

图5-41 "画布大小"对话框

⑤为画框填充背景颜色；

⑥将"皖南"与"书法"图层合并，双击图层样式，选择描边（图5-42）。

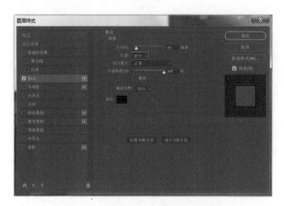

图5-42 "图层模式/描边"对话框

习 题

1. 填充题

(1)图层及其基本操作是在"图层"面板中完成的，也可以通过选择_____菜单来完成。

(2)使用_____可以创建各种图层特效。

2. 选择题

(1)选择一个图层作为当前编辑图层，单击该图层的名称，此时该图层变成（ ），说明该图层已被选定。

A. 蓝色   B. 黄色

C. 红色   D. 不变

(2)要选择多个连续的图层，可在"图层"面板中单击第一个图层，然后按住（　　）键单击最后一个图层。

A. Ctrl   B. Alt

C. Ctrl＋Shift   D. Shift

（3）Photoshop CC 2019 图层管理中不包含（　　）。

A. 向下合并图层   B. 合并可见图层

C. 向上合并图层   D. 拼合图层

项目六　文字的应用

【学习目标】

知识目标

● 了解文字输入和设置的基本方法

● 掌握文字结合图层样式面板的使用方法

重点难点

● 创建文字和编辑文字的基本方法

任务1　基础导读

Photoshop 是专门用于对图形图像进行处理的软件。但是图形图像不仅仅包含我们所看到的图片、照片、绘画作品，文字、数字、字母等同样属于图形，因为它们也是被绘制在图像文件中的，具有具体的形状和颜色。

既然文字属于图形，那么利用 Photoshop 也可以对文字进行创建，并进行相应图形效果的制作。在本项目中，我们将学习如何利用 Photoshop 进行文字输入和文字特效制作的方法。

1.1　文字工具

本节我们将学习如何创建文字和对文字进行基本的设置。我们将从"文字工具"的位置、文字输入的方法、文字设置3个方面来认识该工具。

1.1.1　文字工具的位置

"文字工具"位于 Photoshop 工具箱中，其图标为 T。双击该图标，即可调出该工具。

文字工具的快捷键是 T，按该快捷键，也可调出该工具。在其工具组的下拉菜单中，我们可以看到文字工具有4个子选项，分别是"横排文字工具""直排文字工具""直排文字蒙版工具""横排文字蒙版工具"（图6-1）。

图6-1　文字工具工具组下拉菜单

这几个工具的基本作用分别如下。

（1）"横排文字工具"：用于输入横向排列的文字。

（2）"直排文字工具"：用于输入纵向排列的文字。

（3）"直排文字蒙版工具"：利用蒙版原理，直接创建出纵向排列的文字图形选区。

（4）"横排文字蒙版工具"：利用蒙版原理，直接创建出横向排列的文字图形选区。

1.1.2　创建文字的方法

在 Photoshop 中，创建文字有3种基本的方法：点文字输入法、段落式文字输入法、路径式文字输入法。

1. 点文字输入法

这种方法是最基本也是最简单的文字输入方法。通过该方法可输入一个或由若干单独文字形成的水平或垂直文本行。具体方法如下：

(1)按快捷键 T，调出"文字工具"。

(2)将鼠标落在已经创建好的图像文件的相应位置，单击即可在该位置出现一个不停闪动的竖线图标(图 6-2)。

图 6-2　创建文字起始位置

(3)这时，就可以输入相应的中文或英文等文字了(图 6-3)。

图 6-3　输入相应的文字

2. 段落式文字输入法

这种方法是在一个事先绘制、设定好的文本框内，以水平或垂直的方式输入和控制文字，让文字在已经设定好的文本框内排列，从而形成段落文字效果。具体方法如下：

(1)按快捷键 T，调出"文字工具"。

(2)将光标落在已经创建好的图像文件的相应位置，按住鼠标不放，向相应的方向拖曳出一个选区。当松开鼠标后，该选区就会自动形成一个闭合的矩形文本框，并且在文本框的左上角会自动形成一个不停闪动的竖线图表，这表示此时已经可以输入文字了(图 6-4)。

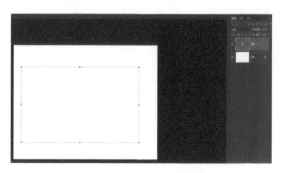

图 6-4　设置输入文字的范围

(3)输入相应的文字，即可看到文字被创建在第二步中创建好的文本框中了(图 6-5)。

图 6-5　输入相应文字

3. 路径式文字输入法

这种方法是先利用创建路径的相关工具，如"钢笔工具""矩形工具"等，先创建一个曲线或直线路径，然后再使用文字工具在该路径上设置输入起点，可实现文字沿着该路径的边缘进行排列的效果。下面，我们就以"钢笔工具"和"文字工具"为例，演示一下这种效果的具体操作。

(1)按快捷键 P 调出"钢笔工具"，利用该工具在已经创建的图像文件中创建一段曲线路径(图 6-6)。

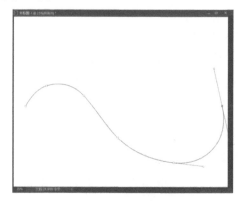

图 6-6　创建曲线路经

（2）按快捷键 T 调出"文字工具"，将鼠标落在路径的曲线上，当该工具图标上出现一条斜线段时，在已经创建好的路径的起点位置单击，创建文字输入的起点（图6-7）。

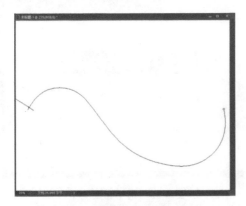

图6-7　创建文字输入的起点

（3）创建好文字输入起点后，即可开始输入相应的文字，实现文字沿着路径排列的效果（图6-8）。

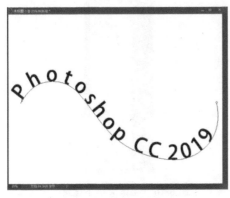

图6-8　路径文字效果

小提示：

在完成文字输入后，可按其他工具的快捷键切换到其他工具；或将光标落在"图层"面板的空白处单击，文字即输入完成。

1.1.3　文字的设置方法

在前面，我们已经了解到 Photoshop 可以在其图像文件中创建文字。但是，在 Photoshop 的"文字工具"默认状态下输入的文字，其字体、排列方向、颜色等经常会无法满足我们的实际案例要求。因此，在这一节中，我们将学习"文字工具"的相应属性设置方法。

当我们选中了字体工具后，在其工具选项栏中就会出现"文字工具"相应的工具选项（图6-9），该选项栏中包含了"文字工具"可以调整的相应属性。下面，我们一起来认识一下主要选项的作用及其对文字带来的效果。

图6-9　文字工具的工具选项栏

1. 切换文本取向

该选项可实现对已输入的文字进行横向和纵向的方向改变，具体方法：在输入好文字后，选择"文字工具"的工具选项栏中的"切换文本取向"的选项，即可实现文字的纵向和横向的变化（图6-10）。

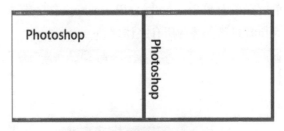

图6-10　切换文本取向效果

2. 设置字体系列

该选项主要用于设置输入文字的字体。在该选项的下拉菜单中，包含了 Photoshop 中自带或制作者自己安装的所有的字体。制作者既可以在输入文字之前设置好相应的字体，也可以在输入好文字之后，全选文字，改变字体类型，从而改变已输入文字的字体。下面以一个具体的小案例来演示操作方法。

（1）单击"字体工具"，并按照点文字输入法输入"图形图像处理"几个文字（图6-11）。

图6-11　文字效果

（2）将鼠标指针落在已输入的文字的最后一

个字后面，按住鼠标不放，向第一个文字的方向进行拖曳，全选输入的所有文字(图6-12)。

图 6-12　全选输入的所有文字

(3)选择打开"设置字体系列"选项的下拉菜单。在该菜单中，包含了 Photoshop 中自带或制作者自己安装的所有字体(图6-13)。

图 6-13　选择相应字体

(4)此处选择"幼圆"字体，被选择的文字就会变成幼圆字体(图6-14)。

图 6-14　幼圆字体效果

3. 设置字体大小

该选项主要用于设置字体的大小。与"设置字体系列"选项相同，该选项既可以在输入字体之前就实现设定好字体的大小；也可以在文字输入完成后，选中文字，改变字体的大小。以下是在已输入文字的基础上，改变字体大小的主要步骤：

(1)输入好相应的文字之后，选中相应文字(图6-15)。

图 6-15　选中相应文字

(2)选择打开"设置字体大小"选项的下拉菜单，在其下拉菜单中可以看到 Photoshop 中默认的字体大小数值(图6-16)。

图 6-16　字体大小下拉菜单

(3)选择制作所需要的具体字体大小数值，即可完成对字体大小的改变。例如，文字大小数值为36，其文字变化如图6-17所示。

图 6-17　字体大小改变效果

小提示：

利用"设置字体大小"选项，不仅可以按照 Photoshop 默认的字体大小进行设置，还可以在该选项栏中直接输入任意数值，文字大小都会发生相应的改变。例如，文字大小数值为 172，其文字变化如图 6-18 所示。

图 6-18　手动输入字体大小数值

（4）设置消除锯齿的方法。如直接利用"文字工具"在图像文件中输入文字之后，该文字的图形边缘会出现锯齿的形状。这时，我们就可以利用"消除锯齿"选项，以 Photoshop 默认的几种不同类型的消除锯齿的方法对文字图形边缘的锯齿进行消除。

该选项的下拉菜单中包含了几种具体的消除锯齿的方法，分别是"无""锐利""犀利""浑厚""平滑"（图 6-19）。例如，消除锯齿类型为"浑厚"时，其效果如图 6-20所示。

图 6-19　设置消除锯齿下拉菜单

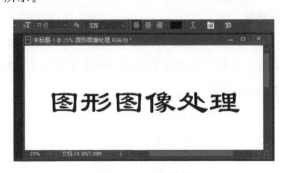

图 6-20　文字效果

4. 左对齐文本、居中对齐文本、右对齐文本选项

该选项的主要作用是改变文字输入时的方向。

（1）"左对齐文本"选项是以文字输入起点为中心，向右侧排列文字（图 6-21、图 6-22）。

图 6-21　"左对齐文本"步骤 1

图 6-22　"左对齐文本"步骤 2

（2）"居中对齐文本"选项是以文字输入起点为中心，同时向左右两侧排列文字（图 6-23、图 6-24）。

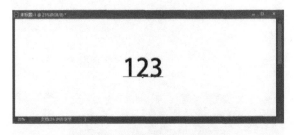

图 6-23　居中对齐的文字效果

图 6-24　同时向左右两侧排列效果

（3）"右对齐文本"选项是以文字输入起点为中心，向左侧排列文字（图6-25、图6-26）。

图6-25　右对齐文字效果

图6-26　向左侧排列效果

5.设置文本颜色

该选项的作用是在输入文字之前设定文字的颜色，以及在输入字体后改变字体颜色。下面，我们通过一个简单的例子来看一下该选项的使用方法。

（1）按快捷键T，调出"文字工具"。

（2）选择工具选项栏中的"设置文本颜色"选项，打开"拾色器"的面板（图6-27）。

图6-27　"拾色器"面板

（3）设定好相应的颜色后，单击"确定"按钮。这时，就可以看到选项栏中，设置文本颜色的选项框变成了已经设定好的颜色。

（4）利用"文字工具"在已经创建好的图像文件中输入相应文字，即可出现相应颜色的文字

了（图6-28）。

图6-28　设置字体颜色为红色后的效果

（5）这时，在"文字工具"处于被选择的状态下，选中已输入的文字，并选择工具选项栏中的"设置文本颜色"选项，打开"拾色器"面板，在面板中设置另一种颜色，就可观察到，我们创建的文字已经改变了颜色；并且，设置文本颜色的选项框的颜色也发生了相应的改变（图6-29）。

图6-29　更改字体颜色的效果

（6）单击"确定"按钮，已经创建好的文字的颜色就会发生相应改变。

6.创建文字变形

我们都知道，对一个图层中的图形进行大小、比例及形状的调整可使用自由变换工具。而在"文字工具"中，也有类似的专门用于调整文字形状的工具，该工具即为"创建文字变形"选项。下面，我们同样通过一个例子，一起了解一下该选项的操作方法和该选项给文字带来的效果。

（1）在已经创建好的图像文件中输入相应文字后，选择工具选项栏中的"创建文字变形"选项的图标。

（2）在弹出的"变形文字"面板中，打开"样式"下拉菜单，在"样式"下拉菜单中，有Photoshop默认的所有文字变形的效果类型（图6-30）。

图6-30 "变形文字"面板的"样式"下拉菜单

（3）例如，在"样式"下拉菜单中选择"拱形"选项，我们就可看到文字的形状已经发生了相应的改变（图6-31）。

图6-31 "拱形"样式效果

（4）"变形文字"面板中有几个选项，分别是"弯曲""水平扭曲""垂直扭曲"。下面我们分别来调整数值，看一下这几个选项的作用。

①"弯曲"选项：主要调整的是文字弯曲的弧度，数值越高，弧度越大（图6-32）。

图6-32 "弯曲"样式效果

②"水平扭曲"选项：用于调整文字在左右两个方向的扭曲幅度，数值越高，扭曲幅度越大（图6-33）。

图6-33 "水平扭曲"样式效果

③"垂直扭曲"选项：用于调整文字在上下两个方向的扭曲幅度，数值越高，扭曲幅度越大（图6-34）。

图6-34 "垂直扭曲"样式效果

④"水平、垂直"选项：该选项用于调整文字变形的整体方向，水平，即左右方向；垂直，即上下方向（图6-35、图6-36）。

图6-35 "水平"选项字体效果

图6-36 "垂直"选项文字效果

在创建文字变形选项中，有很多不同的文字变形模式，大家可以依据上面介绍的几个选项的作用和效果来进行举一反三的类推，尝试得到不同的效果。

7. 切换字符和段落面板 📋

不管是在 Photoshop 还是在 Word 的文字处理软件中，文字经常会被编辑、排版成一个段落。当很多文字被排版成一个段落后，我们有时就需要对整个段落进行统一的修改，而不是对单个的文字进行处理。这时，我们就需要利用"切换字符和段落面板"选项。该选项中的两个面板分别如图6-37、图6-38所示。

图6-37 "字符"面板　　图6-38 "段落"面板

从图6-37、图6-38中我们可以看出，"字符"面板的作用是对文字进行字体类型、字体大小等属性的调整和设置；而"段落"面板，则是对文字排列形成的段落进行左对齐、居中对齐等属性的调整和设置。

📖 **小提示：**

当选中文字工具，并单击图像文件，创建了文字输入的起点之后，Photoshop会自动新建一个文字图层，并且该图层为矢量图层。我们处理好文字的所有效果后，可在该图层上单击鼠标右键，在弹出的下拉菜单中选择"栅格化文字"选项，矢量图层就会变为普通的位图图形图层（图6-39～图6-41）。

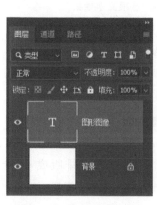 

图6-39 选中原文字图层　　图6-40 图层下拉菜单

图6-41 文字栅格化

1.2　图层样式面板

下面，我们将进入本项目的重点内容"图层样式"面板的学习。"图层样式"面板最重要的作用，就是对图层中的图形，尤其是对文字图层进行特效处理。我们可以利用"图层样式"面板对输入的文字进行各种不同特效样式的制作。下面，我们就以理论知识点与实际案例相结合的方式一起学习"图层样式"面板。

1.2.1　图层样式面板的调出方法及其主界面

当我们完成了文字的输入或对文字图层进行了栅格化的处理后，只需执行以下操作就可打开该图层的"图层样式"面板。

①选中该图层，如图6-42所示。

图6-42 选中文字图层

②将鼠标指针落在该图层上，双击即可打开该图层的"图层样式"面板，如图6-43所示。

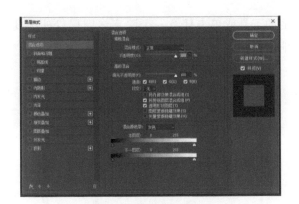

图 6-43　"图层样式"面板

1.2.2　图层样式面板的主要效果

打开"图层样式"面板后我们可以看到，该面板中有一些固定的选项，每个选项都可以制作出一种特效。我们需要了解这些选项的作用，并在能够熟练操作的基础上，对这些效果进行综合运用。下面，我们一起熟悉一下"图层样式"面板中的几个选项。

1. 投影

该选项主要用于为字体（或图形）添加相应的投影效果，可以调整投影的深度、投影和字体的距离、投影光源角度等数值，生成不同的投影效果。

2. 内阴影

该选项主要用于为字体（或图形）添加从字体（或图形）边缘向其内部产生阴影的效果。

3. 外发光、内发光

"外发光"选项主要用于为字体（或图形）添加从字体（或图形）边缘向其外部产生发光的效果。而"内发光"选项在其发光方向上，与外发光正好是相反的效果。

4. 斜面和浮雕

该选项的主要作用就是让字体（或图形）产生立体感的效果，让平面的字体变成立体的图形。

5. 光泽

该选项主要是让字体的笔画或构成图形的结构边具有光泽的效果。

6. 颜色叠加

该选项主要是通过设置不同颜色，让颜色按照一定的混合模式覆盖在字体图形上，使得设置颜色和字体颜色之间产生颜色融合的效果。

7. 渐变叠加

该选项主要是为字体（或图形）添加渐变色效果。

8. 图案叠加

该选项主要是通过制定不同的图片素材，让该图片素材中的纹理等图案效果融合到字体（或图形）中，产生相应的图案、纹理叠加的效果。

9. 描边

该选项主要用于对字体（或图形）的形状、结构边缘进行不同颜色、不同粗细等的描边效果。

任务 2　实例讲解

通过上一节内容的学习，我们了解了"图层样式"面板中主要选项的作用。为了使大家能够对"图层样式"面板有更好的理解，我们在本节将通过两个详细的案例来进一步学习"图层样式"面板的操作方法。

2.1　案例一、ENERGY 特效字体

在本案例中，我们将通过在图像文件中创建字体，并利用"图层样式"面板中的相应工具，对字体图形进行效果调整来完成一个具有渐变色、光晕效果以及立体感的特效文字的制作。

（1）单击"文件"→"新建"命令，或按组合键 Ctrl＋N，打开新建图像文件的面板（图 6-44），利用该面板创建一个名称为"ENERGY"，尺寸为 A4，分辨率为 300 像素/英寸的图像文件。

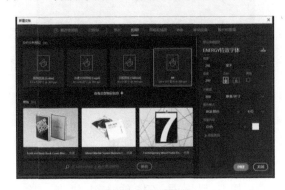

图 6-44　新建面板

（2）在默认的状态下，我们新建的图像文件是纵向的，而我们需要在一个横向的图像文件中创建字体，因此需要将该图像文件进行90°的旋转（图6-45），单击"图像"→"图像旋转"→"90度顺时针（或逆时针）"命令即可。

图6-45 "图像"下拉菜单中的"旋转图像"菜单

（3）图像文件创建并调整好之后，我们开始文字的创建。

①选择工具箱中的"横排文字工具"选项（或按快捷键T）。

②在"设置字体系列"的选项框中，选择Franklin Gotuic Medium字体。

③在"设置字体大小"的选项栏中输入132点，让输入的字体大小比例适合A4的纸张。

④在"设置文本颜色"选项栏，将字体的颜色设置为纯黑色（图6-46）。

图6-46 选择文本颜色

⑤在新建好的图像文件中，需要确定输入字体的大致位置。

⑥切换到大写字体输入法状态，输入"ENERGY"。输入完毕之后，单击任意一个其他的工具或单击任意一个除字体图层以外的其他图层，以此确认输入的字体（图6-47）。

图6-47 输入的文字效果

完成了以上操作之后，我们就可以看到在图层面板中，自动生成了一个新的字体图层，并且该图层已被自动以输入的文字内容为名称命名了。

⑦利用"移动工具"，将字体的位置移动到图像文件的中间，至此完成文字的创建和位置的调整（图6-48）。

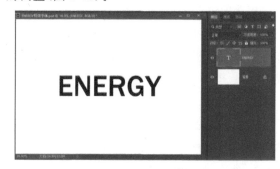

图6-48 移动字体位置

（4）我们要调整的文字效果中有文字发光的效果，而在白色的背景下，发光的效果是不明显的，因此，接下来我们需要将背景图层的颜色填充为黑色。

①选中背景图层（图6-49）。

图6-49 选中背景图层

②将前景色设置为纯黑色。

③按组合键 Alt＋Delete，为背景图层填充黑色。填充过后我们会发现，字体和背景都被填充了黑色，在图像文件中，视觉上就看不见字体了。下面我们通过"图层样式"面板中的相应选项的数值调整来为字体添加效果（图6-50）。

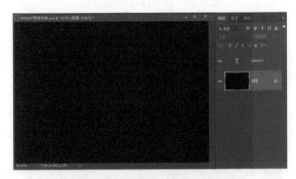

图 6-50　将背景图层填充黑色的效果

（5）选中"ENERGY"图层并双击，调出该图层的"图层样式"面板（图6-51）。

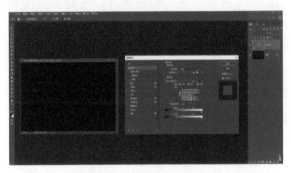

图 6-51　"图层样式"面板

小提示：

在利用"图层样式"调整字体效果时，每调整一个数值，字体就会发生相应的效果变化。因此，我们在调出"图层样式"面板之前，可以先将图像文件和图层之间移动出一定的距离，这样，在调出"图层样式"面板后，我们可以清楚地观察到3个不同的面板，方便我们观察和修改所调整的效果。

（6）为字体创建渐变色效果。

①选中"渐变叠加"选项，在"渐变"一项中，对着这块颜色区域双击即可调出设置渐变色彩的"渐变编辑器"面板。将光标落在"平滑度"下方的渐变色条的最左侧下方的色标方块的位置，

双击即可打开该色标的"颜色设置"对话框（图6-52、图6-53）。

图 6-52　"渐变编辑器"面板

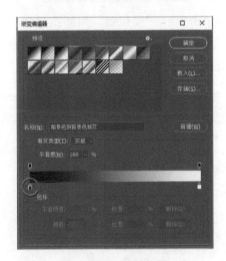

图 6-53　色标的位置

②在"颜色设置"对话框中的"♯"键右侧的数值输入栏中，将000000更改为0089c1，单击"确定"按钮后，可以看到渐变色条左侧的色标颜色已经变成了我们设置的蓝色（图6-54、图6-55）。

图 6-54　拾色器中的颜色代码

图 6-55　渐变色的设置效果

③利用同样的方法，将另一端的色标颜色设置为纯黑色（图6-56）。

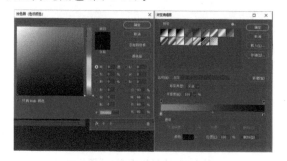

图6-56　右侧色标设置为黑色

④单击"确定"按钮后，回到图层样式中的"渐变叠加"面板，将颜色的"不透明度"数值适当降低（图6-57）。

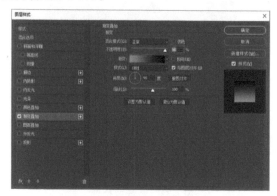

图6-57　适当降低"不透明度"

这时，我们可以看到刚才看不见的黑色字体已经通过数值的修改、设置，具有了渐变色的效果。

（7）接下来，我们要在渐变色的基础上，为文字添加立体效果。

①单击"斜面与浮雕"按钮，可以看到字体就已经按照"斜面与浮雕"样式面板的初始数值发生了效果的改变（图6-58）。

图6-58　斜面与浮雕样式面板

②单击"样式"下拉菜单，选择"枕状浮雕"选项，现在字体的边缘已经有了一圈立体的高光，但是这圈立体的高光强度有些大（图6-59）。

图6-59　枕状浮雕样式面板

③因此，我们将控制高光颜色强度的"深度"的数值适当调低，以降低字体边缘高光的亮度（图6-60）。

图6-60　适当调低"深度"数值

④我们都知道，一个物体具有立体感的原因除了本身具有一定的棱角外，光线的强度和角度也是塑造物体立体感的重要因素。因此，为了加强字体的立体感，接下来我们要着手更改照射到字体上的光线的角度，即对控制光线照射角度的"角度"的数值做适当的调整（图6-61）。在这里，大家可以尝试不同的数值，观察每个不同的数值带来的不同效果，最终根据效果的好坏确定一个具体的数值。

图6-61　适当调整"角度"数值

（8）至此，文字已经具有了一定的立体感。下面继续为文字添加新的效果，让文字具有发光的光晕效果，即单击"外发光"按钮（图6-62）。

图6-62　"外发光"面板

①按照初始的"外发光"面板数值，字体的光晕是黄色的，我们要将字体的光晕颜色改为字体本身的颜色。在"杂色"下方的"设置发光颜色"的图标上双击，调出颜色设置的面板，在该面板中，将光晕的颜色同样设置为#0089c1（图6-63）。

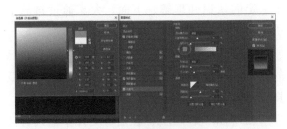

图 6-63　设置光晕颜色

②为了不让光晕的亮度太强，我们同样需要将光晕颜色的"不透明度"适当降低（图6-64）。

图 6-64　适当降低"不透明度"

③调整了相应的数值后，我们发现现在字体的外发光效果不够明显，下面我们就通过扩大字体光晕的范围来加强字体外发光的效果。将用于控制字体外发光发光范围的"大小"选项的数值按照相应的效果适当扩大，此时可以看到，字体的外发光的发光范围被扩大了，字体的光晕效果更加明显了（图6-65）。

图 6-65　调整外发光的发光范围

（9）在塑造完字体本身的效果之后，为了使效果更好，我们要在字体已调整好的基础上为字体添加一些曲线造型的亮色花纹效果。

①在所有图层的最上方创建一个新的空白图层，并将其命名为"花纹添加"（图6-66）。

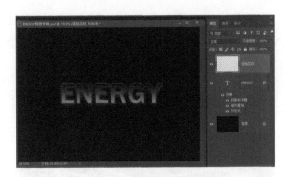

图 6-66　创建新图层并重命名

②首先，利用"钢笔工具"在字体上绘制出一些曲线形状的图形路径（图6-67）。

图 6-67　"钢笔工具"绘制出的曲线路经

其次，按组合键 Ctrl＋Enter，将路径转化为选区（图6-68）。

图 6-68　路径转化为选区

再次，文字是有光晕效果的，因此花纹的边缘也不应太硬。执行组合键 Shift＋F6，打开"羽化选区"面板，将已经创建好的选区进行适当的羽化处理（图6-69）。

图 6-69　"羽化选区"面板

然后，将前景色设置为白色。利用组合键 Alt＋Delete，为该选区填充白色；再按组合键 Ctrl＋D，取消选区（图6-70）。

图6-70　为图形填充白色

最后，绘制好花纹后，我们要将花纹融合到字体上，因此，接下来我们需要适当更改"图层混合模式"，并且适当降低该图层的"不透明度"（图6-71）。

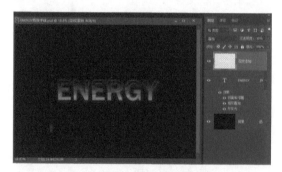

**图6-71　更改图层混合模式并适当降低
"不透明度"**

通过对字体图层样式的设置、调整，利用"钢笔工具"绘制曲线图形，为字体添加效果，至此完成了"ENERGY"特效字体的创建，最终效果如图6-72所示。

图6-72　最终效果

任务3　小试牛刀

通过对 Photoshop CC 2019 的文字工具和"图层样式"面板的使用方法以及实例操作的学习，大家对文字和文字特效处理的相关知识有了一定的认识和理解。下面，大家通过自己上机练习进一步掌握所学知识。

（1）利用"文字工具"在图像文件中输入自己的名字，并制作成具有3种以上渐变色，以及具有浮雕式立体感的效果。

（2）利用"文字工具"在图像文件中输入自己名字的拼音字母，并制作成具有冷色金属质感、明显高光形状以及厚重立体感的效果。

习　题

1. 填空题

（1）在 Photoshop 中，启动"文字工具"的快捷键是＿＿＿＿＿；其工具组面板中包含＿＿＿＿＿、＿＿＿＿＿、＿＿＿＿＿、＿＿＿＿＿4个子工具选项。

（2）如想要对文字图层中的文字进行文字立体化的特效处理，需要调出该文字图层的＿＿＿＿＿面板；并利用其中的＿＿＿＿＿选项来进行立体化的处理。

（3）如想要将在图像文件中输入的一段文字进行拱形文字变形效果的制作，可单击文字工具工具选项栏中的＿＿＿＿＿选项。

2. 选择题

（1）如要要对文字进行描边、添加渐变色等特殊视觉效果的处理，需通过（　　）来进行相关操作。

　　A. 图层样式面板

　　B. 创建新的填充或调整图层

　　C. 滤镜

　　D. 曲线

（2）"图层样式"面板中的"斜面与浮雕"样式面板，可以使字体产生（　　）效果。

　　A. 彩色描边　　　　　B. 色彩渐变

　　C. 不透明度变化　　　D. 立体化

项目七　路径

任务1　基础导读

在前面的内容中已经学习了，Photoshop 处理的图形类别中有位图和向量图两种不同的图像类型，这两种图像类型都具有各自的特点和优势。我们将这两种图像类型进行对比不难发现，位图相较于向量图来说，它具有两个不足之处：

（1）位图会因为图片缩放而影响其显示的精度；

（2）利用相关的位图绘制工具进行图形绘制时，绘制好的图形的线条不容易编辑和修改。

而针对这两个缺陷，Photoshop 为我们引入了"路径"的概念。在本项目中，我们就将学习 Photoshop 中路径的相关用法。

1.1　路径的定义和特点

1.1.1　路径的定义

路径，是利用相关的向量图形绘制工具进行向量线条的绘制，从而生成向量图形。因为路径是被绘制出的图形，因此，它既可以是未闭合的直线、曲线，又可以是闭合的几何图形、不规则图形。

1.1.2　路径的特点

相对于位图来说，路径绘制出的是向量图形。因此，路径具有以下3个特点：

（1）利用相关工具可绘制出流畅的曲线图形；

（2）容易编辑、修改；

（3）其图像精度不会受到任何编辑、修改等操作的影响。

1.2　路径的相关概念

在前面我们已经了解了，路径是通过相关的工具进行绘制而生成的。Photoshop CC 2019 为我们提供了一些强大的路径绘制工具。在学习如何利用这些工具对路径进行绘制之前，我们需要首先了解几个与路径密切相关的概念。

（1）贝塞尔曲线：又称 Path 曲线、路径曲线，是由锚点和线段构成的向量路径轮廓。

（2）锚点：用于标记路径上某段直线或曲线的端点。没有转角的平滑曲线上的锚点称为平滑点；曲线图形上若有转角的话，该转角上的锚点则称为角点。

（3）方向线：绘制曲线图形时，由锚点引出的曲线的切线，称为方向线。

（4）曲线段：绘制曲线的过程中，两个锚点之间，通过拖动方向线而生成的曲线造型，称为曲线段。

（5）方向点：方向线的终点称为方向点。其作用是通过拖动方向点，改变方向线的倾斜度和长度，从而改变绘制的曲线形状。

1.3　建立和修改路径的工具

了解了路径的相关定义和概念之后，我们来学习一下在 Photoshop CC 2019 中用于建立路径的几种主要工具。

1.3.1　钢笔工具

"钢笔工具"是 Photoshop 中最主要的路径建立工具。

1. 钢笔工具的工作原理

根据绘制图形的需要，通过鼠标在图像文件上放置相应数量的锚点，根据锚点、由锚点生成的方向线的调整，以及锚点绘制的先后顺序，产生相应的直线或曲线效果。

2. Photoshop CC 2019 中钢笔工具的位置和种类

（1）"钢笔工具"的位置

在 Photoshop CC 2019 中，"钢笔工具"位于其工具箱的"钢笔工具组" 中。把鼠标指针落在"钢笔工具组"的图标上，单击并按住鼠标不放，即可打开该工具组的下拉子菜单，如图 7-1 所示。

图 7-1　"钢笔工具组"的子菜单

在钢笔工具组的下拉子菜单中，用于建立路径的"钢笔工具"主要有"钢笔工具" 、"自

由钢笔工具" 、"弯度钢笔工具" 3 种。值得注意的是，在这 3 种工具中，"钢笔工具"和"弯度钢笔工具"可以创建出精确、平滑、流畅的曲线。下面，我们来分别认识一下"钢笔工具组"下的每个工具的用途。

（2）"钢笔工具"的种类

①"钢笔工具" ，是常用的路径绘制工具，能够在锚点和锚点之间绘制出路径曲线线段（图 7-2）。

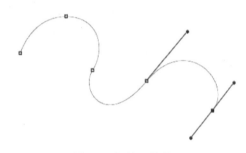

图 7-2　钢笔工具效果

②"自由钢笔工具" ，用鼠标以手动画线的方式画出路径曲线，并且可以将其设置为"磁性钢笔工具"，使其具有磁性套索工具的特性（图 7-3）。

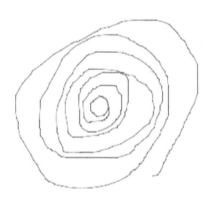

图 7-3　自由钢笔工具效果

③"弯度钢笔工具" ，是另一种常用的路径绘制工具。可通过单击鼠标的方式生成锚点，并且能通过判断两个锚点之间的位置，自动计算并生成两个锚点之间的曲线；还可通过按住鼠标不放，拖动锚点位置的方式不断改变生成的曲线形状（图 7-4）。该工具是 Photoshop CC 2019 中较为方便的绘制曲线路径的工具。

图7-4 弯曲钢笔工具效果

④"添加锚点工具" 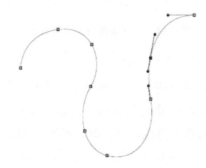，可以在已建立的路径的任意线段上增加一个锚点，用以调整曲线路径的形状（图7-5）。

图7-5 添加锚点工具效果

⑤"删除锚点工具"，可以删除已建立好的路径上的任意一个锚点，将两条路径线段变为一条（图7-6）。

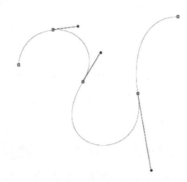

图7-6 删除锚点工具效果

⑥"转换锚点工具"，可以将平滑曲线锚点变为转角锚点，或从转角锚点变为平滑曲线锚点；也可以改变曲线的弧度（图7-7）。

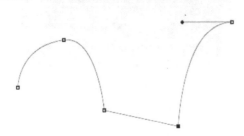

图7-7 转换锚点工具效果

（3）"钢笔工具组"的选项栏

在 Photoshop 中，每选择一种工具，在软件界面的上方就会自动出现该工具的选项栏。同样，在"钢笔工具组"，只要选择了一个相关的工具，也会在 Photoshop 的软件界面上方出现相应的工具选项栏。图 7-8 所示为"钢笔工具"的工具选项栏。在该选项栏中，我们能看到相应的图标，每一个图标都有具体的用途和特点。

图7-8 钢笔工具选项栏

①"形状"选项（图 7-9）：该选项用于利用"钢笔工具"进行填充单色的图形绘制。在绘制的过程中，首先选择该选项，在每绘制一部分图形时，会出现相应的单色填充效果。当绘制完一个闭合的路径之后，就可生成一个闭合的有颜色的图形，如图 7-10 所示。并且，在绘制图形时，在"图层"面板中会自动生成该图形的形状图层。如果路径被隐藏，只要单击"形状"图层中矢量蒙版缩览图，即可调出该图层中的路径（图 7-11）。

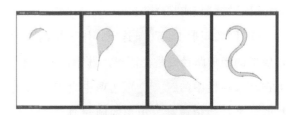

图7-9 "形状"选项

图7-10 "形状"图例

图7-11 "形状图层"

②"路径" 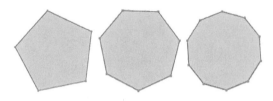 选项：用于绘制曲线（或直线）路径，通常用于绘制图形的描边轮廓线效果。

③"钢笔工具"和"自由钢笔工具"选项：在建立路径的过程中，可以随意切换这两种工具。在选择了"自由钢笔工具"后，如果勾选其后方的 磁性的 图标，即可使"自由钢笔工具"具有磁性套索的效果，在利用该工具为实体图形进行路径绘制时，"自由钢笔工具"会随着鼠标的拖动自动沿着物体图形的边缘生成路径，如图 7-12 所示。

图 7-12　自动沿着物体图形的边缘生成路径

④"矩形工具" □ 选项：用于绘制矩形（包括正方形）的路径或直接生成有单色的路径图形。建立好路径图形后，可在其选项栏中的 选区… 蒙版 形状 选项中选择将该矩形路径转化为"选区""蒙版"或"形状"。

⑤"圆角矩形工具" □ 选项：用于绘制有圆角效果的矩形路径或路径图形。选中该工具后，可在其选项栏中的 半径：10像素 选项中设置相应的数值，半径数值越高，矩形的圆角越强烈；反之越弱。图 7-13 分别展示了半径为 10、20、50 时的矩形圆角效果。

图 7-13　不同的矩形圆角效果

⑥"椭圆工具" ○ 选项：用于绘制椭圆形（包括圆形）的路径，或直接生成有单色的路径图形。

⑦"多边形工具" □ 选项：用于绘制多边形路径或直接生成有单色的路径图形。选中该工具选项后，可在其后方的 边：5 选项中设置相应边数的数值，可以改变建立的多边形路径的边数。图 7-14 分别展示了边数设置为 5 边、7 边、10 边的效果。

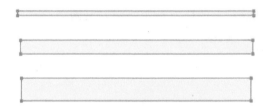

图 7-14　不同边数的多边形效果

⑧"直线工具" ╱ 选项：用于绘制直线段路径。选择该选项后，可通过其后方的 粗细：1px 数值，来改变建立的直线段路径的粗细。在利用该工具建立直线段路径时，可按住 Shift 键绘制平行、垂直和 45°角度的直线段。图 7-15 展示了粗细数值分别设置为 0.2 厘米、0.5 厘米、1 厘米的不同图形效果。

图 7-15　不同粗细数值的图形效果

⑨"自定义形状" ☆ 选项：可用于建立自定义的特殊形状路径或路径图形。选择该工具选项后，可通过单击其选项栏中的 形状： ▶ 图标的下拉菜单，在其下拉菜单中选择相应的特殊图形（图 7-16）。

图 7-16　特殊图形

⑩"路径操作"按钮组 ⊕ H: 85 像素 ■ ■ ＋ ❋ 选项：用于在绘制路径图形时，形成不同的图形组合效果。

a."合并形状"选项 ：可实现多个路径或路径图形的合并效果。若不勾选该选项，也可按住 Shift 键实现形状合并效果（图7-17）。

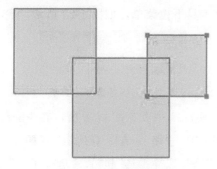

图 7-17　形状合并效果

b."减去顶层形状" 选项：可实现多个多边形路径或路径图形的形状相减效果。若不勾选该选项，也可按住 Alt 键实现形状相减效果（图7-18）。

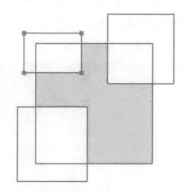

图 7-18　形状相减效果

c."与形状区域相交" 选项：可实现多个多边形路径或路径图形相交部分被保留的效果。若不勾选该选项，也可按住 Shift＋Alt 键实现形状相交效果（图7-19）。

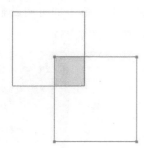

图 7-19　形状相交效果

d."排除重叠形状" 选项：在两个交叉路径绘制好后，选择该选项可实现多个多边形路径或路径图形相交部分被删除的效果（图7-20）。

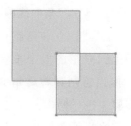

图 7-20　图形相交部分被删除的效果

📖　小提示：

在 Photoshop CC 2019 中，"钢笔工具组"中包含的"钢笔工具""自由钢笔工具"、各种多边形工具，在 Photoshop 的工具箱中都能够找到。这也是 Photoshop 为了让用户操作更加方便而设置的。

（4）"钢笔工具"使用方法

①"钢笔工具"建立曲线路径的方法。

利用"钢笔工具"建立路径的方法大致有以下几个步骤：

第一步，选择工具箱中的"钢笔工具" ，或按快捷键 P。

第二步，因为我们绘制的是路径 ，所以，确保钢笔工具的选项栏中已选择"路径"选项。

第三步，在已经创建好的图像文件上单击，创建路径的起始锚点。

第四步，找到我们需要绘制的一段曲线的终点位置，单击并按住鼠标向相应的方向拖动，绘制出一段曲线。

第四步，按照上一步相同的方法，在已绘制好的曲线的基础上，找到下一段曲线的终点位置，单击并按住鼠标拖动，绘制出相应的完整曲线造型（图7-21）。

图 7-21　按住鼠标拖动绘制出完整曲线造型

②"钢笔工具"建立转角曲线路径的方法。

利用"钢笔工具"建立转角路径的方法，我们可以先按照上面介绍的 5 个步骤来进行曲线路径的绘制，但当绘制到有转角的部分时，需按照以下的步骤来进行操作：

第一步，将光标落在需要有转角的锚点上，按住 Alt 键不放，当看到"钢笔工具"的图标右下角出现一个尖三角 ⌐ 的图标时单击该锚点。这时我们会发现该锚点的一段方向线的调节杆消失了，说明我们可以进行下一步操作了。

第二步，选定下一段曲线的终点位置，单击并按住鼠标拖动即可绘制出一条有转角的新的曲线段（图 7-22）。

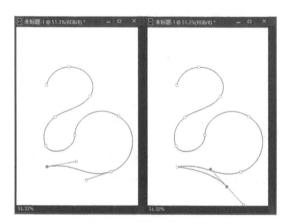

图 7-22　有转角的新的曲线段

小提示：

在利用"钢笔工具"绘制路径的过程中，如果发现正在绘制的锚点位置发生了错误，可按组合键 Ctrl＋Z，将该位置错误的锚点删除，并可重新绘制。

1.3.2　路径选择工具组

利用"钢笔工具"等路径创建工具建立好相应的路径或路径图形后，我们有时需要对已创建的路径做形状的修改。为此，Photoshop CC 2019 中为我们提供了"路径选择工具组"。

（1）"路径选择工具组"的作用：选择已经绘制好的矢量路径或矢量图形，并在选择后对其进行编辑或修改。

（2）"路径选择工具组"的位置及其启动的快捷键：该工具位于工具箱的"路径选择工具组"

图标 ⌐ 下。该工具组的启动快捷键是 A。

（3）"路径选择工具组"的工具种类：将光标落在该图标上，按住鼠标不放，即可打开该工具组的工具下拉菜单，如图 7-23 所示。

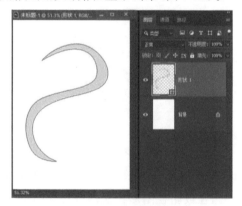

图 7-23　路径选择工具组

从图 7-23 中我们可以看出，在 Photoshop CC 2019 中，"路径选择工具组"有两个工具，分别是"路径选择工具"和"直接选择工具"。

①"路径选择工具"：该工具的主要作用是可以选择已经建立好的路径图形上的路径，并且可以移动路径和路径图形的位置。

绘制好了路径图形后，利用"路径选择工具"选择路径的方法如下。

a. 选择绘制路径图形而生成的形状图层，让该路径图形的路径显示出来（图 7-24）。

图 7-24　显示路径

b. 选择"路径选择工具"，将光标落在已被调出的图形路径上，单击即可将绘制路径过程中设置的锚点调出（图 7-25）。

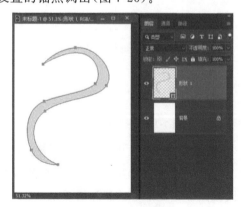

图 7-25　调出锚点

②"直接选择工具"：该工具的主要作用是直接选择单个或多个锚点来移动路径线段；或调整锚点的方向线，即调节杆，达到修改路径线段弧度的效果。

利用"路径选择工具"选择并调出了路径图形的路径之后，利用"直接选择工具"修改路径的方法如下。

a.在"路径选择工具组"中选择"直接选择工具"选项（图7-26）。

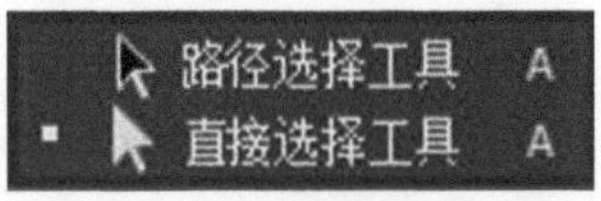

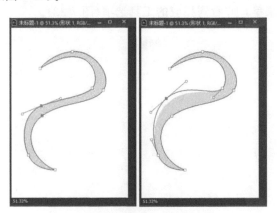

图7-26　选择"直接选择工具"

b.将光标落在需要调整的锚点上，单击即可调出绘制该锚点的曲线段时该锚点的方向线，即调节杆。

c.将光标落在调节杆的其中一个调节点上，按住鼠标不放，根据图形需要向相应的方向拖动鼠标即可改变该锚点绘制的曲线的形状（图7-27）。

图7-27　改变绘制的曲线的形状

　📖　小提示：

添加与删除锚点的方法如下。

①利用"钢笔工具"添加与删除锚点：

步骤一：调出已绘制好的路径图形的路径（图7-28）。

步骤二：选择"钢笔工具"选项，将光标落在需要添加锚点的路径的相应位置上，单击鼠标右键，在弹出的菜单中选择"添加锚点"选项，即可在该位置自动添加一个锚点（图7-29）。

图7-28　调出已绘制好的路径图形的路径

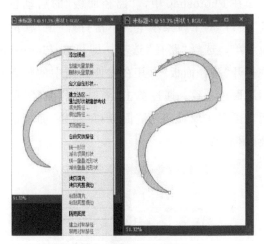

图7-29　添加锚点

②利用"直接选择工具"修改已添加的新锚点所生成的曲线效果：

步骤一：选择"直接选择工具"选项。

步骤二：将光标落在需要调节的锚点或锚点调节杆的调节点上，按住并拖动鼠标，即可实现相应的调整效果（图7-30）。

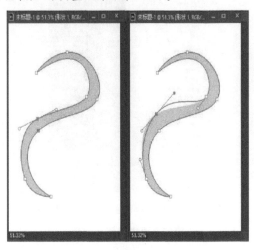

图7-30　修改新锚点生成的曲线效果

1.4 路径面板

在 Photoshop 中，制作或修饰图片需要利用到图层。而路径生成的也是一种图形，但是与位图图形不同，路径是矢量图形，它所需要的是能够保存矢量图形的、作用类似图层的面板。因此，Photoshop 为我们提供了路径面板，其作用就是用于保存在图像文件中建立的路径。

1.4.1 路径面板的位置

在 Photoshop 中，"路径面板"的启动位置在"窗口"的下拉菜单中。单击打开"窗口"的下拉菜单，选择"路径"选项，即可在 Photoshop 中打开"路径面板"。其在软件界面中的位置和图层面板一致。通过单击"图层"或"路径"的按钮，可以实现对"图层"面板和"路径"面板的切换（图 7-31）。

图 7-31 窗口下拉菜单中的路径选项和操作界面中的路径面板

1.4.2 路径面板的组成

1. 路径层

该部分为目前选择的路径层。

2. 路径面板最下方的按钮栏

：："用前景色填充路径"按钮。

：："用画笔描边路径"按钮。

：："将路径作为选区载入"按钮。

：："选区生成工作路径"按钮。

：："添加图层蒙版"按钮。

：："创建新路径"按钮。

：："删除当前路径"按钮。

3. 路径面板功能面板菜单

"路径"面板功能面板菜单位于"路径"面板的右上方的 处，单击图标即可打开其下拉菜单，并看到相应的工具选项（图 7-32）。

图 7-32 "路径"面板功能面板菜单

📖 **小提示：**

在 Photoshop 的图像文件中绘制了一个路径后，"路径"面板上会自动为该路径创建一个默认名为"工作路径"的路径层。而如果绘制的是路径图形，则会生成默认名为"形状 1 形状路径"层，如图 7-33、图 7-34 所示。

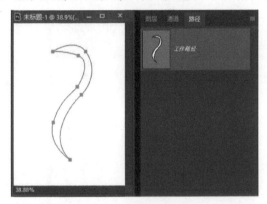

图 7-33 "工作路径"层

图 7-34 "形状 1 形状路径"层

注意：这时，如果在重新绘制新的路径或路径图形前按 Enter 键，或将文件关闭，已生成的"工作路径"层或"形状 1 形状路径"层就会消失。因此，在操作时，一定要记得在绘制路径时把路径保存起来（图 7-35）。如需要将路径放在不同层中，应及时创建新的路径层，在新的路径层上绘制新的路径或路径图形。

图 7-35 "存储路径"选项

当打开"面板"菜单后，选择"存储路径"选项，则会弹出"存储路径"对话框。在该对话框中，对该路径进行重命名（图 7-36）。

图 7-36 "存储路径"对话框

单击"确定"按钮后，在路径面板中就会自动生成该路径的路径层，说明该路径已被成功保存（图 7-37）。

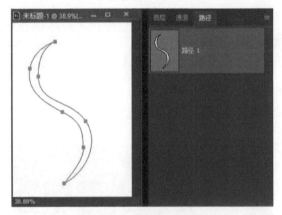

图 7-37 保存路径成功

任务 2　实例讲解

熟悉了 Photoshop CC 2019 中路径的相关概念和创建路径的主要工具后，接下来，我们通过两个简单的实例进一步熟悉所学知识，体验 Photoshop CC 2019 中路径及创建路径的工具能够带来的具体效果。

2.1　唯美女性人物绘制

在本案例中，我们将通过利用弯度钢笔工具建立路径、描边路径、路径转化为选区等主要方法来为一张素材图片中的女性人物绘制唯美的勾线效果。

本案例素材图片如图 7-38 所示。

图 7-38　素材图片

下面，我们根据该素材图片中的女性人物来绘制出勾线效果。

（1）执行"文件"→"新建"命令，或按组合键 Ctrl＋N，创建一个尺寸为 A4 的图像文件，并命名为"女性人物绘制"（图 7-39）。

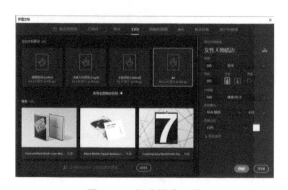

图 7-39　新建图像文件

（2）将素材图片"女性人物线稿"导入 Photoshop，这是一张女性人物的速写铅笔绘图稿（图 7-40）。

图 7-40　女性人物线稿

（3）选择"移动工具"选项或按快捷键 V，并按住 Shift 键，将"女性人物素材图"拖曳到"女性

人物绘制"的图像文件的中心位置（图 7-41）。

图 7-41　拖曳素材图

（4）按组合键 Ctrl＋T，调出"自由变换工具"，利用该工具将图片等比例缩小至适当的大小，并将新生成的图层 1 命名为"人物线稿模版"（图 7-42）。

图 7-42　将图片等比例缩小

📖　**小提示：**

在绘制曲线路径之前，可适当降低线稿图层的不透明度，使线稿图层的颜色适当弱化，以便我们能更加清晰地观察到曲线路径绘制的颜色和形状，这样能够更准确地观察到描线的效果是否和素材图最大程度地契合。

（5）我们在绘制线条时，需要实时观察到素材图片中女性人物的形态和路径的形状。因此，我们需要将"人物线稿模板"图层的不透明度适当降低（图 7-43）。

图7-43　降低不透明度

（6）利用组合键 Shift＋Ctrl＋N，在所有图层的最上方创建新的空白图层，并将其命名为"钢笔线条绘制"；然后将"钢笔工具组"切换到"弯度钢笔工具"。我们将在该图层中利用"弯度钢笔工具"绘制人物的线条（图7-44）。

图7-44　利用弯度钢笔工具绘制线条

（7）因为"钢笔工具"绘制的线条是由"画笔工具"的属性控制的。因此，我们在绘制钢笔路径之前，首先应选中"画笔工具"，右击进入画笔的属性面板，根据图片的大小和清晰度设置画笔的大小和硬度（图7-45）。

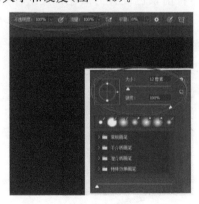

图7-45　设置画笔的大小和硬度

（8）设置画笔工具的属性后，按 P 键，选择"弯度钢笔工具"，并确保其选项栏"选择工具模

式"中选中"路径"这一模式。接下来，我们从人物的眼睛开始绘制人物的线条。

（9）首先，将图片放大到适当的比例，让我们能够较为清晰地看到在两个图层中人物眼睛部分的形状走势。

其次，将光标落在眼睛部分线条的一个起点的位置，以此设定为"钢笔工具"绘制的路径起点；然后单击鼠标，为我们将要绘制的路径设置一个起点。

最后，我们可以看到，眼睛部分的线条是由几个不同方向的曲线构成的。因此，我们可以根据眼睛部分线条的走势，找到几段眼睛的线条中不同方向的线段的终点，在每一段的终点处单击并拖动鼠标实现对新创的点的移动，从而让"弯度钢笔工具"计算并生成相应的曲线（图7-46）。

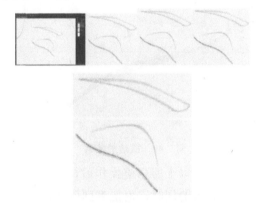

图7-46　绘制眼睛的曲线

（10）用上述方法绘制好眼睛的曲线后，右击，在弹出的菜单中选择"描边路径"选项（图7-47）。

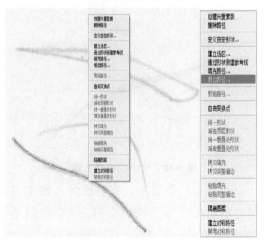

图7-47　"描边路径"选项

（11）在弹出的"描边路径"面板中，在"工具"一栏，选择"画笔"选项，命令"钢笔工具"用我们刚才设置好的"画笔工具"的属性来进行描边，并且将面板中"模拟压力"的选项勾选中，命令"钢笔工具"在描边的同时，其线条依据路径的走势自动产生相应的粗细变化（图7-48）。

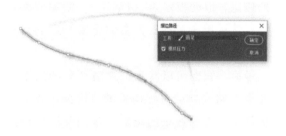

图7-48　"描边路径"面板

（12）单击"确定"按钮后，即可看到描边的效果了（图7-49）。

图7-49　描边的效果

（13）完成以上的相应操作后，我们在看到曲线描边效果的同时，也能看到刚才我们绘制好的路径。而路径的图形我们现在已经不需要了，此时按Enter键，将该曲线的路径隐藏。至此，眼睛的曲线绘制完成（图7-50）。

图7-50　完成的眼睛曲线

（14）下面绘制眉毛。素材图的人物本身就有黑色的眉毛，那么我们在利用"弯度钢笔工具"绘制眉毛部分时可以：①先绘制好眉毛的曲线造型；②再将绘制好的闭合路径转化为选区；

③直接在选区内填充黑色。

（15）依据上面总结的方法，我们利用"弯度钢笔工具"先沿着眉毛的形状绘制路径。注意：眉尾形状是一个比较尖锐的转角，没有太大的弧度。面对这样的形状，我们需要在绘制这一部分图形时将光标落在3个节点的中间1个节点上，按住Alt键，单击该节点，这样绘制的曲线和已绘制好的曲线之间就会形成尖锐的转角效果。人物的眉尖部分也是一个尖角，而眉尖部分正好是曲线路径绘制的收尾部分，因此同样按住Alt键再单击绘制路径的起点，即可绘制一个尖角形的眉尖收尾效果（图7-51）。

图7-51　绘制眉毛的闭合曲线

（16）绘制好闭合的曲线路径之后，按组合键Ctrl＋Enter，将路径转化为选区（图7-52）。

图7-52　将路径转化为选区

（17）将前景色设置为黑色，按组合键Alt＋Delete，为选区填充黑色。如前景色和背景色不是黑色和白色，可按D键，让前景色和背景色恢复到默认的黑色和白色。

图7-53　为选区填充黑色

(18)按组合键 Ctrl＋D，将选区取消，完成眉毛部分图形的绘制。

(19)下面，我们来绘制眉毛和眼睛之间的双眼皮部分的图形。根据图形的造型特点，先使用"弯度钢笔工具"绘制路径，再用"描边路径"来为路径描边，可以快速制作出相应的图案效果。但同时，这部分图形的线条相对较细，因此我们在用这种方法进行路径描边之前，首先应当将"画笔工具"中画笔的大小适当调整细些，以使画出的线条相对较细，再用"钢笔工具"绘制路径(图 7-54)。

图 7-54

(20)整张人物图片中，我们利用"弯度钢笔工具"的上述几种方法就可完成整张图像的绘制。但在绘制的过程中，需注意以下几点。

①可采用从内到外绘制的方式一部分一部分地绘制每个线条。

②在绘制好路径后，执行"钢笔工具"的任何效果的操作，都要在"钢笔工具"被选择的情况下执行。

③在执行过描边路径之后，应及时按 Enter 键将路径隐藏。

④如在绘制路径的过程中出现绘制错误的情况，可以按 Backspace 键，删除当前绘制的节点。

⑤应根据画面中造型和结构的需要，及时调整画笔工具的大小。

(21)由于钢笔曲线描边路经的线条粗细的特点是两头细、中间粗，因此，在绘制完毕所有的线条之后，人物的各结构之间会有一些未连接的地方。这时，在所有图层的最上方创建一个新的图层，将其命名为"线条补充"；然后选中"画笔工具"，设置大小较细的画笔属性。绘制好路径之后，在描边路径时，将"模拟压

力"的选项勾选状态取消掉。用较细的曲线将未连接的部分连接起来。至此，人物的线条部分绘制完毕(图 7-55)。

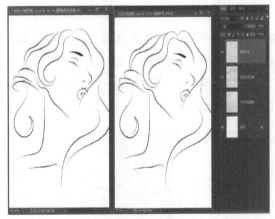

图 7-55 绘制人物线条

(22)绘制好所有的线条之后，为了增强画面效果，我们要制作一种线条朦胧的效果。

①保留"钢笔线条绘制"图层和"线条补充"图层的可视性，将其他图层的可视性关闭。

②按"盖印图层"的组合键 Shift＋Ctrl＋Alt＋E，将可视图层的所有效果盖印到新的空白图层内，并将该图层命名为"朦胧效果"。

③将该图层拖曳到"钢笔线条绘制"图层和"线条补充"图层这两个图层的下方。

④打开"背景"图层的可视性，选中"朦胧效果"图层，执行"滤镜"→"模糊"→"高斯模糊"命令。

⑤在弹出的面板中，根据自己想要的效果设置"半径"的数值，制作出线条的模糊效果(图 7-56)。

(23)在"朦胧效果"图层的下方创建一个新的空白图层，命名为"背景装饰色彩"。使用"画笔工具"将画笔属性中的"硬度"数值调整为 0；

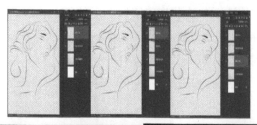

图 7-56　制作线条的模糊效果

将属性栏中的"流量"适当降低，在背景上用不同的颜色适当涂抹，增加画面的色彩感。

（24）最后，对已绘制好的线条做适当修改，完成最终效果如图 7-57 所示。

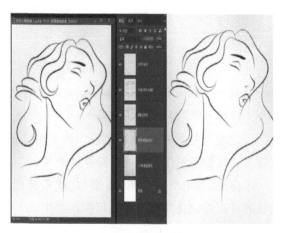

图 7-57　最终效果

任务 3　小试牛刀

通过对 Photoshop CC 2019 路径的相关知识、建立路径的常用工具的使用方法以及实例操作的学习，大家对路径有了一定的认识和理解。下面通过自己上机练习进一步掌握所学知识。

（1）打开一张自己最喜欢的人物照片，利用路径的工具为人物建立一条描边线条的路径。

（2）自己绘制一幅卡通角色的线稿，利用路径和上色的相关工具，对该线稿作品进行电脑插画的绘制。

习　题

1. 填充题

（1）在 Photoshop 中，"路径"是用来处理_____图形的，而不是用来处理位图图形的。

（2）在 Photoshop 中，用于"路径"的工具主要有_____组、_____组等几种。

（3）"钢笔工具组"的启动快捷键是_____；路径转化为选区的快捷键是_____；填充颜色的快捷键是_____。

2. 选择题

（1）要利用"钢笔工具"建立转角曲线路径，应按住（　　）键，取消曲线控制轴一侧的锚点。

A. Ctrl　　　　　　　　B. Shift

C. Alt　　　　　　　　D. Enter

（2）下列可将已经创建好的曲线上的锚点调出并选中，还可进行调整的工具是（　　）。

A. "路径选择工具"

B. "钢笔工具"

C. "魔棒工具"

D. "快速选择工具"

项目八　通道与蒙版

任务1　基础导读

1.1　通道的概述

在 Photoshop 中，最常见的两种图片模式为 RGB 和 CMYK 模式，且这两种模式的色彩构成方式有所不同。如 RGB 模式的图像，其中所有的颜色都是由 R（Red）红色、G（Green）绿色、B（Black）蓝色三原色构成的。那么，当我们把一张 RGB 色彩模式的图片导入 Photoshop 后，在 Photoshop 中就会自动对该图片进行色彩分析，将整张图片中的 R、G、B 3 种颜色所构成的图形分类，创建出颜色信息通道，并且保存在一个和图层面板非常类似的面板中。这个面板，被称为"通道"面板。

在 Photoshop 中，主要包含 RGB、CMYK、专色通道和 Alpha 通道四种类型的通道。

1.2　"通道"面板

在 Photoshop 中，对通道的处理主要是通过"通道"面板来进行的。"通道"面板可以创建和管理通道，并且可以通过"通道"面板实时观察到对通道进行的操作所带来的效果。

1.2.1　"通道"面板的调出方法和"通道"面板的界面

在 Photoshop CC 2019 中，想要在软件操作界面中调出"通道"面板，从"窗口"下拉菜单中选择"通道"选项即可，如图 8-1 所示。

将一张 RGB 模式的图片导入 Photoshop 后，在"通道"面板中就会出现该图片相应的通道信息。"通道"面板如图 8-2 所示，从图中可以看到，"通道"面板的通道层顺序为：最上方的"复合通道"，该通道为各个通道叠加的效果；下方的分别是"红""绿""蓝"3 个通道，这 3 个通道被总称为"颜色通道"。

如果分别单击不同的通道，可以看到，在选择"颜

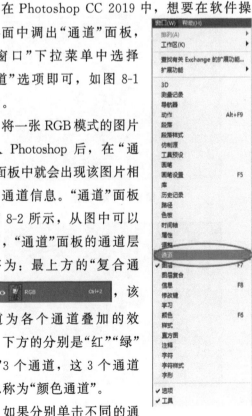

图 8-1　"通道"选项

图8-2 "通道"面板

色通道"时，除该通道以外的其他通道的可视性会被隐藏；并且，在选中一个通道后，图像窗口中的图像也会显示出该通道内的颜色，如图8-3至图8-5所示。

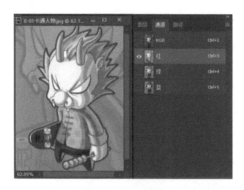

图8-3 "红"通道

图8-4 "绿"通道

图8-5 "蓝"通道

在选择了一个通道后，图像中的颜色会被

去除，只留下该颜色通道在图像中所构成的颜色和色调的比例。从图8-3到图8-5我们可以看出，"红"通道中显示了画面中的亮色调部分；"绿"通道中显示了画面中的灰色调部分；"蓝"通道显示了画面中的暗色调部分。而当我们在选择了某一通道后，只要单击一下RGB通道，所有通道的可视性将会被重新打开，图像也会回到彩色状态，如图8-6所示。

图8-6 "RGB"通道

在"通道"面板中，其右上方有一个三角符号 图层 通道 路径 。单击该三角符号，则会弹出"通道"面板的下拉菜单。我们可以利用该菜单中的选项对通道进行相应的操作，如图8-7所示。

图8-7 "通道"面板的下拉菜单

而在"通道"面板的最下方有4个图标 ，它们和"图层"面板中的图标完全一样，但其作用却是为了"通道"面板服务的。

："将通道作为选区载入"按钮。如果选中一个通道，单击该按钮，该通道的选区就会被自动创建，如图8-8所示。

图8-8　将通道作为选区载入

　　 ："将选区存储为通道"按钮。如果在图像中创建一个选区后，单击该按钮，那么该选区在"通道"面板中会被存储为一个Alpha通道，且该通道属于蒙版性质；该通道的可视性在初始是处于关闭状态的，如图8-9所示。

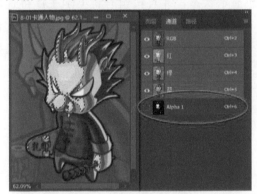

图8-9　将选区存储为通道

　　 ："创建新通道"按钮。如单击该按钮，则在"通道"面板中所有通道的下方会创建出一个Alpha通道，如图8-10所示。

图8-10　创建新通道

　　 ："删除当前通道"按钮。如选中了一个通道后，单击该按钮，则可以删除该通道，如图8-11所示。

图8-11　删除当前通道

　　📖 **小提示：**

　　在"创建新通道"知识点中所说的Alpha通道的作用是用来保存选区，将选区存储为灰度图像；还可以添加Alpha通道来创建和存储蒙版，以保护图像的某些部分不受任何编辑的影响。

1.2.2　"通道"面板的基本操作方法

　　在上一小节介绍通道的界面时，我们已经了解了与通道有关的一些基本操作。本小节，我们将对通道的另一些基础操作方法进行学习。

　　(1)在不选择单个通道的前提下调出单个通道选区的方法：按住Ctrl键，单击该通道的通道缩览图。

　　(2)复制通道的方法：选中该通道，然后按住鼠标不放，将其拖曳到"通道"面板中"创建新通道" 按钮上即可。

　　(3)选择通道快捷键：在"通道"面板中，每一个通道后都有一个快捷键，我们可以直接按该快捷键选择该通道。例如，要选择"红"通道，只需按组合键Ctrl+3即可自动选择该通道。

　　(4)对通道中的色彩区域进行复制、粘贴的方法：选中该通道，然后执行复制的组合键Ctrl+C即可，再执行粘贴的组合键Ctrl+V即可实现粘贴。

　　下面，我们利用以上几个基本操作方法来

完成一个简单的案例，让通道中各颜色之间有一定比例的融合效果，如图 8-12、图 8-13所示。

图 8-12　颜色融合效果 1

图 8-13　颜色融合效果 2

例如，要想图像中的红色和蓝色有一定的融合关系，则可以使用以下方法：

步骤一：选择"红"通道，按住 Ctrl 键，单击该通道的通道缩览图，调出"红"通道的选区，如图 8-14 所示。

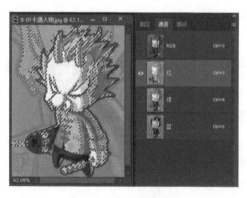

图 8-14　"红"通道选区

步骤二：按复制的组合键 Ctrl＋C，将"红"

通道里的红色色调复制。

步骤三：选择"蓝"通道，并按粘贴的组合键 Ctrl＋V，将刚才复制的红色色调粘贴到"蓝"通道中。这样，"红"通道中的红色调就与"蓝"通道中的蓝色调形成了融合的效果，"蓝"通道中的色调明暗也发生了相应的变化，如图 8-15 所示。

图 8-15　"蓝"通道中的色调明暗发生了变化

步骤四：单击"RGB"通道，让图像恢复到彩色显示状态，并且按组合键 Ctrl＋D 将选区取消。此时，我们能清楚地看到图像中的红色部分已经和蓝色融合，形成了偏紫色的色彩效果，如图 8-16 所示。

图 8-16　红色部分和蓝色融合

1.3　蒙版概述

我们在处理图像时，通常会对图像进行擦除或修改。在 Photoshop CC 2019 中，最常用于擦除图像的工具是橡皮擦工具。但是该工具有一个弊端，回撤的步骤是有限的，一旦对一张图片执行过多的擦除操作后，我们就无法回撤到照片擦除前的样子了。另外，我们在对图形进行修改时，有时只是需要对其中的一部分图形进行修改，但是由于图像往往是连接在一起的，这就造成了我们在修改一部分图像时，与之相连接的另一部分不需要修改的图像也受到了影响，产生了变化。由此，我们可以看出，在利用 Photoshop 对图形进行处理时，我们应当对图像进行保护，使得图像不会受到其他操作的影响，也可以随时恢复到修改之前的状态。

为了解决这一问题，Photoshop 为我们提供了一种强大的工具——"蒙版"。在本项目中，我们就将学习在 Photoshop 中蒙版的使用方法。

1.3.1　蒙版的基本操作方法

在 Photoshop 中，蒙版最大的作用是保护图像。在本小节中，我们将学习蒙版的操作方法，并从中体会蒙版对图像的保护作用。

1.3.2　图层蒙版的调出方法

在 Photoshop 中创建一个空白的新图像文件，并且导入一张图片。这时，选中需要创建图层蒙版的图层，接着单击"图层"面板最下方的"添加图层蒙版"按钮 ，即可为该图层创建图层蒙版，如图 8-17 所示。

图 8-17　创建图层蒙版

从图 8-17 中可以看到，当我们为该图层创建了图层蒙版后，该图层上就会在图层缩览图的右侧新增一个空白的缩览图，称之为"图层蒙版缩览图"。在 Photoshop 中利用图层蒙版进行的任何一步操作都必须在图层蒙版缩览图中进行，才能得到相应的正确效果。

1.3.3　利用图层蒙版擦除图像中不需要的图形的方法

步骤一：选中该图层以及该图层的图层蒙版缩览图。

步骤二：选择画笔工具，将前景色设置为黑色，背景色设置为白色；并且根据具体的情况设置画笔的硬度和流量（通常都需要将二者数值适当降低，尤其是画笔的硬度）。

📖　**小提示：**

1. 在图层蒙版中，画笔工具就相当于橡皮擦工具。当画笔颜色为黑色时，画笔就能擦除图像；当画笔颜色为白色时，画笔就能将已被擦除的图形恢复。

2. 和橡皮擦工具一样，在利用蒙版擦除图像时，为了效果的自然和便于控制，通常不能一次性地擦除图像。因此，在选择画笔工具后，应适当降低画笔的硬度和流量。

步骤三：将画笔工具的颜色确定为黑色，对图像中不需要的图形进行涂抹，不需要的图形就会被逐步擦除，如图 8-18 所示。

图 8-18　擦除图形

📖　**小提示：**

从图 8-18 可以看出，在用黑色擦除图像中不需要的图形后，擦除的黑色形成的图形形状就会被记录在图层蒙版的缩览图中。此时，如果按住 Ctrl 键，单击图层蒙版缩览图，可以将蒙版图形的选区调出来，以便我们观察图层蒙版绘制得是否合适，如图 8-19 所示。

图 8-19　蒙版图形的选区调出来

1.3.4 利用图层蒙版恢复图像中已被擦除的图形的方法

步骤一：选中该图层以及该图层的图层蒙版缩览图。

步骤二：选择画笔工具，根据情况适当调整其硬度和流量。

步骤三：将前景色设置为白色，用画笔工具对图层缩览图中已经绘制好的黑色区域进行适当涂抹，被涂抹的区域就会变成白色，相应区域被擦除的图形也会恢复回来，如图 8-20 所示。

图 8-20 恢复被擦除的图形

1.3.5 对已创建好的图层蒙版进行删除、停用等操作的方法

选中该图层的图层蒙版，并单击鼠标右键，这时会弹出图层蒙版的下拉菜单，在该菜单中选择相应的选项即可实现对蒙版的修改，如图 8-21 所示。

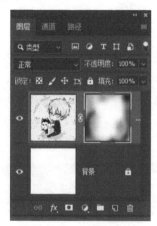

图 8-21 修改蒙版

1.3.6 单独移动图层蒙版的方法

在为一个图层创建了图层蒙版后，如果移动了该图层中的图像，则图层蒙版和图层是同步

移动的，如图 8-22 所示。这是因为一旦我们创建图层蒙版，在图层缩览图和图层蒙版缩览图之间就会自动生成一个链接，单击该链接符号，该链接就会消失。此时，选中图层蒙版，执行移动，那么就可以单独对图层蒙版进行移动，而图形本身没有受到影响，如图 8-23 所示。

图 8-22 移动图像

图 8-23 移动图层蒙版

1.3.7 利用"快速蒙版"进行选区创建的方法

步骤一：选择需要创建快速蒙版的图层。

步骤二：单击 Photoshop 工具箱最下方的"以快速蒙版模式编辑"的按钮，即可为该图层创建快速蒙版。

📖 小提示：

快速蒙版和图层蒙版一样，需要使用画笔工具，画笔的设置和蒙版的操作原理与图层蒙版一致。但是，创建快速蒙版时不会出现蒙版缩览图。

步骤三：选择画笔工具，设置硬度和流量；将前景色设置为黑色，背景色设置为白色。

步骤四：利用画笔工具对图层中需要保护的图像进行涂抹，如图 8-24 所示。

图 8-24 图层中需要保护的图像进行涂抹

步骤五：再次单击 图标（此时该图标的名称和作用就是"以标准模式编辑"了），可以看到，刚才创建的蒙版生成的红色图形自动转化成了选区，并且该选区选中的是需要保护的图形以外的部分，即利用快速蒙版实现了对图像的保护，如图 8-25 所示。

图 8-25 利用快速蒙版实现了对图像的保护

📖 小提示：

"以快速蒙版模式编辑"的快捷键是 Q。

通过以上两节的学习，我们共同认识了 Photoshop CC 2019 中的通道和蒙版的基础知识。下面，我们通过几个典型的案例，对本项目的知识点进行实践和练习，巩固所学知识。

任务 2 实例讲解

2.1 儿童肤色调整

在很多儿童摄影中，我们都需要通过后期将儿童的皮肤调整得更加白皙、粉嫩，以更加突出儿童的漂亮和可爱。在本案例中，我们将通过"通道"面板来快速对儿童的皮肤进行色调的调整。素材原图和最终效果分别如图 8-26、

图 8-27 所示。

图 8-26 素材原图

图 8-27 最终效果

（1）将图 8-27 导入 Photoshop CC 2019 中。

（2）单击"图层"面板中的"通道"选项，打开"通道"面板，如图 8-28 所示。

图 8-28 "通道"面板

（3）在"通道"面板中，单击"绿"通道。此时，"绿"通道会被选中，而其他通道的可视性会被隐藏；并且，图像中只剩下"绿"通道中较亮的由黑白灰构成的图像，如图 8-29 所示。

图 8-29 "绿"通道中较亮的由黑白灰构成的图像

（4）按组合键 Ctrl＋A 全选该通道中的所有图像，再按组合键 Ctrl＋C 对选区内的图像进行复制，如图 8-30 所示。

图 8-30　复制图像

（5）在"通道"面板单击"RGB"通道，让所有的通道的可视性全部恢复，画面也重新恢复到彩色状态，如图 8-31 所示。

图 8-31　恢复画面的彩色状态

（6）单击"图层"图标，打开"图层"面板。在"背景"图层上方创建一个空白新图层，并将该图层命名为"肤色调整"。然后，按组合键 Ctrl＋V 将刚才复制的"绿"通道的图像粘贴到该图层中，如图 8-32 所示。

图 8-32　粘贴图像

（7）此时，"绿"通道中的图像已经覆盖住"背景"，将"色调调整"图层的图层混合模式更改为"变亮"，让"绿"通道内的图像融合到彩色的人物图像中。至此，整个人物有了初步的提亮和美白调整，如图 8-33 所示。

图 8-33　初步的提亮和美白调整

（8）我们已经通过对"绿"通道图像的提取、融合，让整个人物发生了相应的变化。但是，本案例中，我们只需要调整人物皮肤的颜色，人物的头发、眉毛、嘴唇、袜子、手中的笔、桌上的书本等图形是不需要产生美白效果的。因此，我们需要对人物产生明显颜色变化的这些部分进行适当擦除，使得在"背景"图层中人物原有的头发颜色适当地显现出来。即为该图层创建图层蒙版，选择画笔工具，将其"硬度"降低为 0%，并将其"流量"和"不透明度"适当降低，利用黑色画笔对画面中不需要美白的区域进行适当的擦除，如图 8-34 所示。

图 8-34　擦除不需要美白的区域

（9）选择"肤色调整"图层，在"图层"面板中"创建新的填充或调整图层"的下拉菜单中选择"色阶"工具（图 8-35），并按"创建剪切板"命令的组合键 Ctrl＋Alt＋G，利用色阶工具单独对"肤色调整"图层进行调整，适当提高图像的明暗对比，如图 8-36 所示。

图 8-35　"色阶"工具

图 8-36　适当提高图像的明暗对比

（10）按"盖印"的组合键 Shift＋Ctrl＋Alt＋E，将目前制作好的图像效果盖印到新图层，并将新图层命名为"色调进一步调整"，如图 8-37 所示。

图 8-37　盖印

（11）在"创建新的填充或调整图层"的下拉菜单中选择"曲线工具"选项，并按"创建剪切板"命令的组合键 Ctrl＋Alt＋G，让"曲线工具"的调整只对"色调进一步调整"图层起作用，如图 8-38 所示。

图 8-38　创建剪切板

（12）在"曲线工具"面板中的"RGB"下拉菜

单中选择"BGB""红""蓝"3 个通道选项，分别对其进行相应的调整（图 8-39～图 8-41），让画面中的红色更加明显，在皮肤变白的基础上，让人物面部更多一些粉嫩的感觉。至此，我们就完成了该案例的制作，最终效果如图 8-42 所示。

图 8-39　调整"红"通道

图 8-40　调整"蓝"通道　图 8-41　调整"RGB"通道

图 8-42　完成效果

2.2　角色脸部合并

通过本案例，我们将学习如何利用图层蒙版让两个角色的面部拼接为一张脸，并且制作出皮肤的颜色和纹理相融合的效果。案例的素材图和相应的效果如图 8-43 所示。

图 8-43　素材图和相应的效果

（1）将素材图片导入 Photoshop 中，并且复制"背景"图层，将新图层命名为"角色抠图"，如图 8-44 所示。

图 8-44　新图层命名为"角色抠图"

（2）选中"角色抠图"图层，为照片中左侧的角色进行选区的创建，按组合键 Shift＋Ctrl＋J 将其剪切并提取到新图层；将新图层命名为"角色_1"，如图 8-45、图 8-46 所示。

图 8-45　为左侧的角色进行选区的创建

图 8-46　将新图层命名为"角色_1"

（3）分别选中"角色_1"图层和"角色抠图"图层，利用"修复画笔工具"配合"仿制图章工具"，对两个角色脖子部分多余的树和直升机的图形进行去除，如图 8-47 所示。

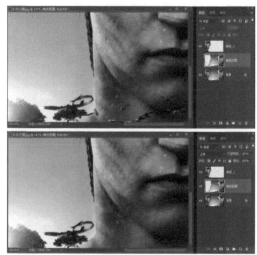

图 8-47　去除多余图形

（4）选择"角色抠图"图层，同样使用"修复画笔工具"配合"仿制图章工具"，对该图层中右侧的外星人角色进行选区的创建，并将其剪切提取到新的图层中；将新图层重命名为"角色_2"，如图 8-48 所示。

图 8-48　将新图层命名为"角色_2"

（5）为了使两个角色的脸在合成后仍然处于画面的中心位置，我们需要在画面中利用"标尺工具"创建一条正好能够将画面平分成两半的标线，具体操作为：按组合键 Ctrl＋R，调出标尺；将鼠标指针落在画面左侧的标尺内，按住鼠标不放，将鼠标指针向画面中心拖动，创建出一条平分画面的标线，如图 8-49 所示。

图 8-49　创建一条平分画面的标线

（6）在"角色_2"图层下方创建一个空白新图层，将其命名为"背景色"，并为该图层填充一种蓝色调的深色，如图 8-50 所示。

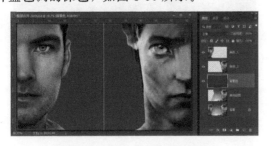

图 8-50　创建一条空白新图层

（7）分别选择"角色_1"和"角色_2"图层，利用"移动工具"将两个角色的半脸拼合在一起，并且降低其中一个图层的不透明度，对两张半脸进行进一步的拼合，使两个角色的鼻子、嘴、下巴等部分也能够拼合起来，如图 8-51 至图 8-54 所示。

图 8-51　拼合图像 1

图 8-52　拼合图像 2

图 8-53　拼合图像 3

图 8-54　拼合图像 4

📖　小提示：

在利用"移动工具"移动图像时，按住 Shift 键，可实现对图像的平行、垂直、45°3 个角度的移动。

（8）利用图层蒙版实现两张半脸的初步融合。

①再次按组合键 Ctrl＋R 和 Ctrl＋H，将标尺和标线隐藏。

②单击图层面板最下方的"添加矢量蒙版"的图标 ，为"角色_1"图层创建图层蒙版。

③选中"角色_1"图层的图层蒙版缩览图 。选择"画笔工具"，设置前景色为黑色、背景色为白色，并且将画笔的"硬度"设置为 0%，将其"流量"适当降低。用蒙版和画笔工具擦除"角色_1"图层中人物面部相应的区域，让两张脸之间的分界线变得柔和些，如图 8-55 所示。

图 8-55　擦除"角色_1"图层中人物面部相应的区域

（9）将目前处理好的效果盖印出来，并将新图层命名为"效果盖印"，如图 8-56 所示。

图 8-56　盖印

（10）对两个角色的面部色调进行统一，并且让角色的面部颜色具有一定的过渡效果。

①在"效果盖印"图层上方创建空白新图层，并命名为"脸部色调调整"。我们将利用渐变色的添加让右边角色的面部颜色产生由皮肤色向左侧角色面部蓝色的色彩过渡。

②按快捷键 I，选择"吸管工具"选项，分别吸取左侧角色面部的蓝色和右侧角色面部的肤色，利用该工具将前景色设置为相应的蓝色，背景色设置为相应的黄色。

③因为我们只需要对右侧角色的面部进行渐变色的添加，因此我们需要调出右侧角色面部的图像选区。即按住 Ctrl 键，单击"角色_1"图层的图层缩览图，调出右侧角色面部的图像选区。

④选中"脸部色调调整"图层，接着选择"渐变工具"选项，按住 Shift 键，在选区内沿着平行方向画出已设置好的渐变色，如图 8-57 所示；并将图层混合模式改为"亮光"，让渐变色以最佳的图层混合模式融入到角色面部，如图 8-58 所示。

图 8-57　画出已设置好的渐变色

图 8-58　将图层混合模式改为"亮光"

⑤为"面部色调调整"图层创建图层蒙版，去除左右两侧面部之间的中间线，如图 8-59 所示。

图 8-59　去除左右两侧面部之间的中间线

虽然左右两侧的脸部接缝已经被去除，但是我们还是能够较为清楚地看到两边脸部的颜色差异。因此接下来，我们将通过"曲线工具"进一步调整右侧面部的颜色。

⑥选择"脸部色调调整"图层的图层缩览图，在"创建新的填充或调整图层"的下拉菜单中选择"曲线工具"选项，分别设置图像中的"RGB""蓝"和"绿"3 个颜色通道的曲线，让右侧角色的面部色调更加偏蓝，如图 8-60 所示。

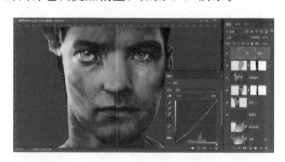

图 8-60　让右侧角色的面部色调更加偏蓝

⑦选择曲线图层的图层蒙版，用低流量且硬度为 0% 的画笔工具，对右侧角色由耳朵到面部的部分颜色进行适当擦除，让右侧角色面部适当地透出原有皮肤的颜色，如图 8-61 所示。

图 8-61　对右侧角色由耳朵到面部的部分颜色进行适当擦除

（11）通过上面的步骤，我们已经让两边角色的面部有了颜色的过渡效果。下面，我们对两侧面部和整个图像的瑕疵部分进行最后的调整，完成整个效果的制作。

①将目前做好的效果盖印到新图层中，并将新图层命名为"效果盖印_2"。

②按快捷键 C 调出"裁切工具"，利用该工具对整个画面进行适当地裁切，裁切掉整个画面中上方和下方的瑕疵，如图 8-62 所示。

图 8-62　裁切画面

③按快捷键 Ctrl＋J，将"效果盖印_2"图层复制一层，并命名为"面部颜色最终过渡"。利用"修复画笔工具"和"修补工具"，对两个角色面部的中间颜色较深的区域进行最终的过渡，完成整个案例的制作，效果如图 8-63 所示。

图 8-63　完成效果

任务 3　小试牛刀

经过本项目的学习后，下面大家通过自己上机练习进一步巩固所学知识。

3.1　对儿童照片的皮肤进行色调调整

要求：拍摄或下载一张清晰的儿童或婴儿的特写照片，利用 Photoshop CC 2019 中的通道和调整色彩等工具对其皮肤进行色调调整，让人物皮肤更加白皙、粉嫩。

3.2　对人物照片的肤色进行美白处理

要求：拍摄或下载一张清晰的模特照片，利用 Photoshop CC 2019 中的通道和滤镜中可提高画面亮度的相关工具对人物的肤色进行美白处理。

3.3　对人物面部进行对半比例的拼接处理

要求：拍摄或下载两张人物或一个人物和一个其他角色的正面特写的清晰照片，利用 Photoshop CC 2019 中的蒙版工具，配合其他相关工具对两个角色的面部进行对半比例的拼接处理。

（1）每个角色的面部各占二分之一的比例；

（2）整个面部需处在画面中间的位置；

（3）两个面部之间的皮肤和颜色具有良好的纹理和色彩的过渡效果；

（4）必须使用蒙版、标尺等工具。

习　题

1. 填充题

（1）为一个图层创建了图层蒙版后，利用_____工具，在_____内绘制_____颜色，可以对图像中不需要的部分进行擦除。

（2）在"通道"面板中，若想通过组合键选择"红"通道，则需按组合键_____。

（3）启动快速"蒙版工具"的组合键是_____；为图层创建了快速蒙版后，该图层会呈现_____色。

2. 选择题

（1）在 Photoshop 中，选择"通道"面板中的 RGB 通道时，画面是（　　）的。

A. 对比度较弱的黑白

B. 对比度强的黑白

C. 对比度居中的黑

D. 彩色

（2）若想调出"红"通道的图像选区，可按住（　　）键，单击该通道的通道缩览图。

A. Alt　　　　　B. Ctrl

C. Shift　　　　D. Enter

项目九　滤镜的应用

任务1　基础导读

1.1　滤镜的概述

滤镜是 Photoshop 中最具特色的工具之一。Photoshop 最大的功能之一就是对图形图像进行特效的添加和处理，而 Photoshop 对图形图像进行特效处理的所有工具都包含在滤镜的菜单中。充分利用好滤镜，可以改善图像效果，更能够在原有图像的基础上产生许多炫目的特殊效果，让我们的作品更具吸引力。

Photoshop 中的滤镜有许多种类，要使用滤镜，从"滤镜"菜单中选择相应的子菜单命令即可，如图9-1、图9-2所示。

本项目将以滤镜的基本应用为出发点，选择 Photoshop 中具有代表性且较为常用的滤镜，结合几个典型的案例讲解、演示，对这些滤镜的使用方法、操作效果进行详细介绍。Photoshop 中每个滤镜在实际工作的应用，还需读者更多的亲自实践，慢慢领会各个滤镜的内在功能。

图9-1　滤镜菜单

图9-2　滤镜菜单子文件夹

1.2　滤镜菜单

滤镜的使用方法很简单，从 Photoshop 的"滤镜"菜单中选择所要应用的滤镜组，在显示的子菜单上选定滤镜，即可使图像发生相应的效果变化。

需要注意的是，在滤镜菜单中，各滤镜工具组的子菜单中有的滤镜的名称后是带有省略号的，有的则没有，如图9-3、图9-4所示。

图9-3　高斯模糊菜单　　图9-4　高斯模糊子菜单

如滤镜名称后无省略号，则选定该滤镜后，图像会立刻出现相应的变化；而滤镜名称后有省略号的，则说明该滤镜选项在被选中后，会弹出对话框，用户可对该滤镜进行参数设置，以制定输出的效果。具体的应用方法将在后面的案例中给大家进行较详细的说明。

任务2　实例讲解

2.1　利用滤镜库中的命令制作漫画和插画效果

2.1.1　案例一：人物插画效果制作

本案例，我们将利用"选择并遮住"命令对人物的毛发进行完整的抠图处理；并运用滤镜库中的"海报化""油画""色彩半调""高斯模糊"等工具，将一张人物照片制作成完全不同的画面效果。本案例最终效果如图9-5(b)所示。

　　　(a)　　　　　　　　(b)

图9-5　素材原图及最终效果

1. 先对人物进行抠图

（1）将素材图片导入Photoshop，并用"魔棒工具" 选择背景色，但是要想给人物抠图必须选择人物，因此按组合键Shift＋Ctrl＋I反选，选择背景以外的人物。

（2）确保"魔棒工具"处在被选中的状态，选择其工具选项栏中的最后一项"选择并遮住"，这是Photoshop中专门用于对毛发进行抠图的工具，如图9-6所示。

图9-6　"选择并遮住"选项

（3）在弹出的"选择并遮住"面板中，打开"视图"下拉菜单，选择"叠加"选项，并将其"不透明度"数值改为100％，即可得到一个红底背景的人物初步抠图效果，如图9-7所示。

图9-7　红底背景的人物初步抠图效果

（4）用该面板中的"缩放工具" 将图像缩放至能清晰看到人物毛发的大小，如图9-8所示。

图9-8　缩放图像

（5）使用"调整边缘画笔工具" ，对图像中需要抠图的头发进行涂抹，涂抹过的地方灰白色的背景色就会被去除，如图9-9所示。注意：该工具也可使用"【""】"两个快捷键对画笔大小进行调整，以找到最合适抠图的画笔尺寸。

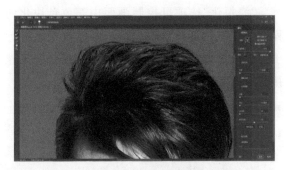

图 9-9 使用"调整边缘画笔工具涂抹"

（6）当抠图完成后，如觉得毛发抠图效果不够好，可通过其右侧面板中"全局调整"的"平滑""羽化""对比度""移动边缘"4个选项对抠图效果进行调整，以达到更好的效果，如图 9-10 所示。

图 9-10 "全局调整"面板

"平滑"属性，可让抠图边缘更加柔和；"羽化"属性，可让抠图边缘变得模糊、柔和，同时可使抠图边缘向外扩散；"对比度"属性，可强化抠图图形边缘的清晰度；"移动边缘"属性，可将抠图的范围向外（或向内）扩张（或收缩）。

在本案例中，因抠图后头发边缘还有一些原图中背景的灰白色，因此将"移动边缘"数值适当降低，让抠图范围向内适当收缩，以达到更好的毛发抠图效果，如图 9-11 所示。

图 9-11 "移动边缘"设置

（7）当抠图效果较为满意后，单击"确定"按钮完成该效果，此时人物就会被新的选区覆盖。

使用 Ctrl＋J 组合键，将选区内的人物复制并放入新的图层中，将该图层命名为"头发抠图"，如图 9-12 所示。

图 9-12 将选区内的人物复制并放入新的图层中

（8）经过"选择并遮住"的抠图后，头发的抠图效果已经确定，但人物身体部分的抠图效果受到了"选择并遮住"的影响，因此需要选择背景图层，用钢笔工具或多边形套索工具对人物的身体、耳朵和头发的实心颜色进行准确的抠图，并将这些图形也复制到新的图层中，将该图层命名为"身体抠图"，如图 9-13 所示。

图 9-13 对人物的身体、耳朵和头发的实心颜色进行准确的抠图

（9）选择"头发抠图""身体抠图"两个图层，按 Ctrl＋E 组合键将两个图层合并为一个图层，并命名为"人物抠图"，如图 9-14 所示。

图 9-14 将两个图层合并为一个图层

2. 导入新的背景素材图

将新的背景素材图导入 Photoshop，放在"人物抠图"图层下方，并命名为"新背景"，如图 9-15 所示。

图9-15　导入新的背景素材图

3. 将人物调整为绘画效果

（1）复制"人物抠图"图层，并命名为"人物海报效果"。单击"滤镜"→"滤镜库"命令，如图9-16所示。

滤镜(T) 3D(D) 视图(V) 窗口(W) 帮助(	
查找边缘	Alt+Ctrl+F
转换为智能滤镜(S)	
滤镜库(G)...	
自适应广角(A)...	Alt+Shift+Ctrl+A

图9-16　执行"滤镜库"命令

（2）在滤镜库中，选择"艺术效果"→"海报边缘"选项，该选项可让照片变为二维绘画一样的海报效果，人物的形象边缘会出现描边的效果，颜色也会变为块面状的色块效果。

其中，"边缘厚度"选项可以控制人物描边的线条粗细，如图9-17所示。

图9-17　"边缘厚度"选项

"边缘强度"选项可以控制描边效果的强弱，并可增减描边线条的数量，如图9-18所示。

图9-18　"边缘强度"选项

"海报化"选项可控制画面中颜色色块化的程度，数值越低，色块越少，画面效果越接近于二维绘画效果；反之色块越多，画面效果越接近于真实照片，如图9-19所示。

图9-19　"海报化"选项

根据以上3个属性的作用，对数值做对应修改，得到一个较为合适的人物绘画效果，如图9-20所示。

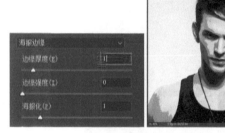

图9-20　人物绘画效果

（3）复制"人物海报效果"图层，并命名为"人物油画效果"。单击"滤镜"→"风格化"→"油画"命令，可将画面的颜色转化为油画的笔触和色彩效果，如图9-21所示。

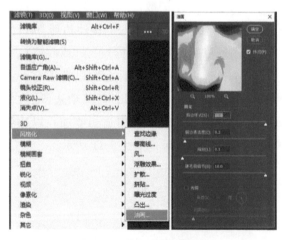

图9-21　执行"油画"命令

油画工具中，"画笔样式"选项可控制油画笔触的随机度，如图9-22所示。

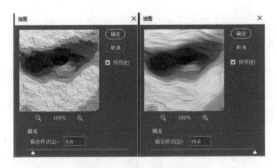

图9-22 "画笔样式"选项

"描边清洁度"选项可控制油画笔触的厚度感和阴影数量的多少，如图9-23所示。

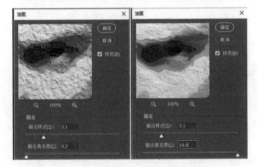

图9-23 "描边清洁度"选项

"缩放"选项可控制笔触色块的大小，如图9-24所示。

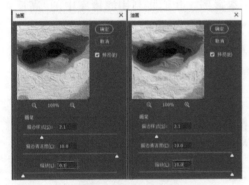

图9-24 "缩放"选项

"硬毛刷细节"选项可控制笔触产生的色块的颜色细节，如图9-25所示。

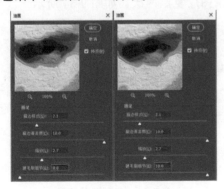

图9-25 "硬毛刷细节"选项

"光照"选项一旦关闭，则所有笔触和色块的立体感就会消失；打开则会出现。"角度"选项可控制光照的角度。"闪亮"选项可控制颜色的亮度和高光的强弱，如图9-26所示。

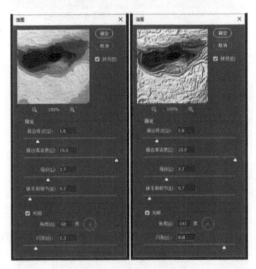

图9-26 "闪亮"选项

根据以上属性的作用，对各属性的数值做对应修改，得到一个较为合适的人物油画效果，如图9-27所示。

图9-27 人物油画效果

4. 调节人物色彩，使其和背景色彩相统一

（1）打开"新背景"图层的可视性。选择"人物油画效果"图层，从"创建新的填充或调整图层"中，调出"色彩平衡工具"命令，按组合键Ctrl＋Alt＋G，并将其"中间调"和"阴影"均调节为偏蓝色和青色的冷色调效果；将"高光"调节为偏暖的色调，如图9-28所示。

（2）调出"自然饱和度"命令，单独将人物画面的颜色饱和度调高，达到颜色失真更接近于二维画面的效果，如图9-29所示。

图 9-28 "色彩平衡工具"

图 9-29 "自然饱和度"

5. 调节背景的色彩效果

（1）选择"新背景"图层，单击"滤镜"→"像素化"→"色彩半调"命令，该工具可将画面转化为一个个圆形色块拼接在一起的效果。其中，"最大半径"的数值越大，得到的圆形色块就越大；其他选项则可改变画面中色块的位置等效果。根据其属性的作用，对画面进行调整，得到如图 9-30 所示的效果。

图 9-30 "色彩半调"

（2）复制"新背景"图层，并命名为"光晕效

果"。单击"滤镜"→"模糊"→"高斯模糊"命令，该工具可将图像变得模糊，如图 9-31 所示。

图 9-31 "高斯模糊"

（3）将该图层的图层混合模式更改为"线性减淡（添加）"，完成光晕效果及所有效果的制作，如图 9-32 所示。

图 9-32 最终效果

2.1.2 案例二：漫画风格图像效果制作

本案例，我们将利用滤镜库中的"高反差保留""查找边缘"工具，结合"阈值""定义图案""图层混合模式"等命令，将一张场景照片制作成漫画风格的画面效果，如图 9-33 所示。

图 9-33 素材原图及最终效果

（1）将素材图片导入 Photoshop 中，并直接将背景图层复制两次，如图 9-34 所示。

图 9-34 复制背景图层

（2）选择最上方的图层，单击"滤镜"→"其他"→"高反差保留"命令（图9-35），该工具可将图像中颜色反差较为明显的部分（图像的边缘线）计算并显示出来，而将其他颜色去除，数值越高，线条感越弱；反之，线条感越强。

图9-35　单击"高反差保留"命令

（3）选择"图层1拷贝"图层，单击"图像"→"调整"→"阈值"命令，可将灰度或彩色图像转换为高对比度的黑白图像。可以指定某个色阶作为阈值，所有比阈值亮的像素转换为白色，而所有比阈值暗的像素转换为黑色；常用于对照片线条的制作。

调出该工具后，对阈值的数值进行适当调节，让人物的线条较为合理地出现，如图9-36所示。

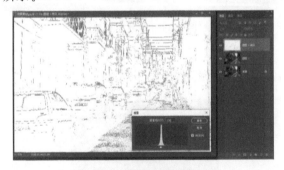

图9-36　调节阈值

（4）关闭"图层1拷贝"的可视性，选择"图层1"，单击"滤镜"→"风格化"→"查找边缘"命令（图9-37），该工具可将照片图形边缘线提取并显示出来。适当调整其数值，以提取场景中的线条。

图9-37　执行"查找边缘"命令

（5）将"图层1拷贝"和"图层1"分别重命名为"线条初步提取"和"线条二次提取"，并将这两个图层的混合模式更改为"正片叠底"，让线条融入背景图层的场景照片中，如图9-38所示。

图9-38　让线条融入背景图层的场景照片中

（6）复制背景图层，并命名为"线条三次提取"，并对该图层执行"阈值"命令，通过数值调整，让画面中出现合理的暗面效果，如图9-39所示。

图9-39　让画面中出现合理的暗面效果

（7）再次复制背景图层，将其拖到"线条三次提取"图层上方，并命名为"漫画线制作"，如图9-40所示。

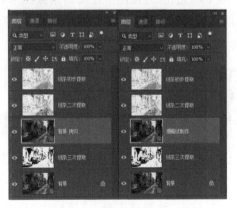

图9-40　再次复制背景图层

（8）对"漫画线制作"图层执行"阈值"命令，通过数值调整，让画面中出现更显著的暗面效果，如图 9-41 所示。

图 9-41　在画面中出现更显著的暗面效果

（9）将图 9-41 导入 Photoshop，单击"编辑"→"定义图案"命令，可将图形记录为 Photoshop 中的一个图案信息。执行过后，在弹出的面板中将该图案命名为"漫画线"，如图 9-42 所示。

图 9-42　单击"定义图案"命令

（10）回到场景图像文件，为"漫画线制作"图层创建图层蒙版，并按快捷键 G，调出"油漆桶工具"，为画面填充一种颜色或一种图形，如图 9-43 所示。我们需要利用油漆桶工具，在图层蒙版中填充在（9）操作中定义的条纹图形，将该图形作为蒙版，作用在场景图像上，产生新的效果。

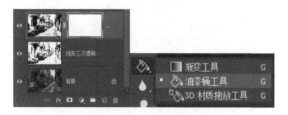

图 9-43　调出"油漆桶"工具

（11）单击"油漆桶工具"选项栏中的"前景"

菜单，选择"图案"选项，并打开图案右侧的下拉菜单，该菜单中保存了 Photoshop 中自带的以及我们手动添加的图案。其中最后一项，就是在（9）中保存的图案，如图 9-44 所示。

图 9-44　"前景"菜单

（12）确保此时已选中"漫画线制作"图层的图层蒙版。利用油漆桶工具为该图层蒙版填充图案的颜色，该图层中的颜色就会在蒙版的作用下被线条的黑色和白色替代，产生漫画线的效果，如图 9-45 所示。

图 9-45　漫画线效果

（13）对以上 4 个图层进行打组，并将组的名称命名为"漫画场景"，如图 9-46 所示。

图 9-46　对图层进行打组

（14）在"漫画场景"组的上方创建空白新图层，将其命名为"纯色前景"，并为该图层填充明快的黄色，然后将该图层的图层混合模式更改为"柔光",让黄色融合到场景的颜色中,如图9-47所示。

图9-47 "纯色前景"

(15)在"纯色前景"组的上方创建空白新图层,将其命名为"渐变色前景"。选择"渐变工具",设置由蓝色到黄颜色的渐变色,在"渐变色前景"图层中拉出渐变色,并将该图层的图层混合模式改为"柔光"。让渐变色和纯色的颜色效果叠加在一起,形成更加丰富的漫画风格的颜色效果,如图9-48所示。

图9-48 "渐变色前景"

(16)可在漫画场景制作完成后,再次打开上一个案例中制作的人物,将人物放入该场景中,运用相同的方法制作出漫画式人物和漫画式场景合成在一起的效果,如图9-49所示。

图9-49 漫画式人物和漫画式场景合成在一起的效果

2.2 "液化"滤镜——神奇的变形工具

我们在日常生活中,也希望把我们美的一面更多地展现在照片中。因此,我们要学会利用Photoshop对照片中的人物或其他物体的造型做一定的美化和修改,而Photoshop也具备这样一个神奇的工具,即"液化"滤镜。

2.2.1 液化滤镜的作用

"液化",顾名思义,就是可以让照片中的物体液化,使其可以像液体一样较为随意地改变其形状和轮廓。而"液化"滤镜专门用于对照片、图片中的物体进行外形和轮廓的修饰和改变。

2.2.2 液化滤镜的操作方法

在这一节中,我们将通过一个较为典型的案例,来共同学习"液化"滤镜的操作方法。我们将利用"液化"滤镜,配合"修复画笔""修补工具"等,对一张照片中的人物进行处理,使其变得更加年轻。素材原图及效果图分别如图9-50、图9-51所示。

图9-50 素材原图

图9-51 效果图

2.2.3 案例三:如何更美更年轻

(1)将图9-50导入Photoshop,为了保护素材图层,按Ctrl+J组合键将背景图层复制一层,并且将新图层命名为"磨皮"(图9-52)。我

们将利用这个图层对模特脸上的部分颗粒物和
法令纹等进行去除。

图 9-52　复制背景图层

（2）按快捷键 J，选中"污点修复画笔工具
组"🩹，在其子菜单中选择"修复画笔工具"，
去除人物面部的颗粒物；并用"修补画笔工具"
去除模特面部的法令纹和脖子部分的皱纹，如
图 9-53 所示。

图 9-53　去除颗粒物、法令纹等

在对人物的面部进行美化之后，我们就开
始着手利用"液化"工具对人物的面部进行调整，
使其鼻子更挺、下巴变尖、脖子上的皮肤收紧，
让其显得更加年轻。

（3）打开"滤镜"下拉菜单，选择"液化"选
项，打开"液化"面板，分别如图 9-54、图 9-55
所示。

滤镜(T) 3D(D) 视图(V) 窗口(W) 帮助(H)
上次滤镜操作(F)　　　　Alt+Ctrl+F
转换为智能滤镜(S)
滤镜库(G)...
自适应广角(A)...　　Alt+Shift+Ctrl+A
Camera Raw 滤镜(C)...　Shift+Ctrl+A
镜头校正(R)...　　　　Shift+Ctrl+R
液化(L)...　　　　　　Shift+Ctrl+X
消失点(V)...　　　　　Alt+Ctrl+V

图 9-54　"液化"选项

图 9-55　"液化"面板

📖　小提示：

在"滤镜"的下拉菜单中我们可以看到，"液
化"滤镜的启动可按组合键 Shift＋Ctrl＋X。

（4）首先对人物的面部进行形状调节。

①选择"脸部工具"。该工具一旦被激
活，液化工具就会自动识别出照片中人物面部
和五官的位置和形状；将鼠标指针落在人物的
面部和五官上时，会出现对应的控制图标，让
我们可以快速和直观地对人物面部和五官的形
状做调节，如图 9-56 所示。

图 9-56　调出"脸部工具"

同时，我们不
仅可以利用图标上
的控制器去改变形
状，还可以通过脸
部工具被激活后对
"人脸识别液化"面
板属性栏中的各项
数值的调节，快速
实现形状调节的效
果，如图 9-57 所示。
通过该界面，我们
可以单独修改人物
的左眼和右眼的大
小、宽度、高度，
两眼的间距，眼睛
的斜度；单独修改

图 9-57　"人脸识别液化"面板

鼻子的高度和宽度；单独修改上下嘴唇的厚度、宽度；单独修改额头的高度、下巴的高度、下巴的宽窄以及整个脸型的宽窄。

②将鼠标指针落在人物面部，当出现面部控制器时，将鼠标指针落在控制器上对应的控制点上，按住鼠标不放拖动控制点的位置，即可改变该控制点周围的颜色位置，从而达到改变该部分脸型的效果。面部形状调整如图9-58所示。

图 9-58　面部形状调整

③将鼠标指针落在人物的眼睛上，当眼睛部分的控制器出现时，用相同的调节控制点的方法改变眼睛的整体大小、宽度和角度，如图9-59所示。

图 9-59　调整眼睛的大小、宽度和角度

④当调整好左右眼睛后，因为眼睛放大了，两眼之间的距离会变得比较近，故需要在右侧的选项栏中，对"眼睛距离"的属性做适当调整，让眼睛的间距回到合理的状态，如图9-60所示。

图 9-60　调整"眼睛距离"

⑤将鼠标指针落在鼻子上，当控制器图标出现后，用上述相同方法对鼻子的宽度做适当调节，如图9-61所示。

⑥用相同的方法对嘴唇的厚度和微笑的表情进行调节，如图9-62所示。

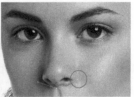

图 9-61　调节鼻子

图 9-62　调节嘴唇

（5）五官调节完毕后，对身形做调节。在液化工具中，对身形做调节，最常用的工具是"左推工具" 。使用该工具，按照左下右上的路径方向对图形进行涂抹，即可实现对左右两侧图形在形状上的收缩。如果遇到的是处于画面左侧的图形，用左推工具顺着图形边缘从上往下涂抹，即可将这部分图形向内收缩；反之，遇到的是处于画面右侧的图形，用左推工具顺着图形边缘从下往上涂抹，即可将这部分图形向内收缩；再反之，从下往上涂抹左侧的图形，该部分图形会向外扩张。利用该工具的原理即可对人物的脖子和肩膀等区域进行调节，如图9-63所示。注意：左推工具图标的大小同样可通过"【】"实现改变。

图 9-63　调节脖子和肩膀

（6）复制"磨皮"图层，并命名为"人物清晰化"。单击"滤镜"→"锐化"命令，用该工具将图像的清晰度提高，并将该操作再适当执行几次，以增强清晰化的效果，完成该案例效果的制作，如图9-64所示。

图 9-64　最终效果

1. 利用"向前变形工具"时,必须将该工具图标中心的"+"对准所要移动的图形的边缘,这样有利于较为准确地移动我们想要移动的部分。

2. 液化工具的工作原理是对像素进行移动。因此,如果对一块区域内的图形进行较大幅度的移动,则会造成这部分图形的像素被严重拉伸,产生明显的像素拉扯和画面模糊的效果(图9-65)。所以,在利用液化工具对物体进行形状调整时,应小幅度地拖动鼠标,一点一点地移动物体的像素,以达到改变物体形状的同时不影响其清晰度的效果。

图9-65 液化工具拉伸照片像素效果

2.3 液化滤镜面板其他主要工具及属性介绍

2.3.1 左侧工具箱

(1)向前变形工具 :可以移动图像中的像素位置;可以通过拖曳鼠标的方法改变照片中物体的形状。向前变形工具的画笔尺寸越大,可移动的像素范围就越大;反之,该工具可控制的像素范围就越小。

(2)重建工具 :用该工具涂抹过的图形,就会还原成未液化之前的原始效果。

(3)平滑工具 :用该工具涂抹过的图形边缘的凹凸不平或锯齿形状效果会被弱化为较平滑的状态。

(4)顺时针旋转扭曲工具 :在按住鼠标或拖移鼠标时,可以顺时针旋转图片中的像素;而按住 Alt 键,再按住鼠标或拖移鼠标,则可

以实现逆时针旋转像素。

(5)褶皱工具 :该工具可让图形向内收缩产生缩小的效果。

(6)膨胀工具 :该工具可让图形向外扩张产生放大的效果。

(7)冻结蒙版工具 :利用该工具在某一图形上绘制出红色的颜色区域后,该区域内的图像将被保护起来,其外部的像素移动或物体形变不会影响到该区域内的图形。

(8)解冻蒙版工具 :在被冻结区域上拖曳鼠标,可将冻结区域解冻。

(9)抓手工工具 :该工具可让图像在被放大之后,通过按住鼠标左键拖动鼠标的方式实现对图像的观察位置的移动。

2.3.2 右侧工具选项面板

在选择"液化"面板的各项工具之后,我们通常需要在其右侧的"工具选项"面板中为该工具设定相应的属性,以方便我们的操作。每一个选项都有其固定的作用。

(1)大小:设置将要用来改变图像的画笔尺寸。

(2)浓度:用于控制画笔边缘羽化的力度,以及画笔拖动图像像素的幅度。

(3)压力:设置工具对图像的扭曲速度。例如,低画笔压力可减慢更改速度,这样可以防止因拖动距离、幅度过大而导致像素剧烈拉伸。

(4)速率:此选项只有在选择了能让画面产生扭曲效果的工具时才会出现,如顺时针旋转扭曲工具、褶皱工具、膨胀工具、湍流工具等;用于设置使用这些工具时扭曲效果所应用的速度,设置的数值越大,则图像扭曲的速度就越快。

我们可以看到,"滤镜"下拉菜单的第一个选项是"上次滤镜操作(F)",

| 滤镜(T) | 3D(D) | 视图(V) | 窗口(W) | 帮助 |

上次滤镜操作(F)   Alt+Ctrl+F

该选项的作用是:当执行了一种滤镜的操作后,该选项栏的名称就会变成刚才操作过的滤镜名

称。这时，只要按"重复执行上次滤镜操作"的组合键 Alt＋Ctrl＋F，即可使画面在已经产生的滤镜效果的基础上，把刚才设置的滤镜再次执行一次，这样可以使画面的滤镜效果不断加强。

任务3 小试牛刀

通过本项目的学习，我们对 Photoshop CC 2019 中主要滤镜的操作方法有了一个基本的认识。下面，大家通过自己上机练习进一步巩固所学知识。

(1)下载一张清晰的有飘逸头发的人物照片，对其进行抠图，尤其对其头发，要将其完整地抠出；并对该人物的脸型和五官进行形状和比例上的美化处理。

(2)下载一张人物照片和一张景物照片，将二者制作成黑白漫画的效果，并将人物和景物合成在一起，形成一个有角色有背景的黑白漫画画面效果。

(3)下载一张人物照片，对该照片进行清晰化处理，要求必须使用到两种以上用于图像清晰化的滤镜。

习 题

1. 填充题

(1)如果一张照片不够清晰，在 Photoshop CC 2019 中，可以用_____滤镜组中的相关滤镜和_____滤镜来实现其图像的清晰化。

(2)如果要对一张图片进行画面朦胧化的处理，需要至少用到_____滤镜，该滤镜可以对图像进行_____化处理，且是通过其面板中_____的数值设置而实现的。

(3)在 Photoshop CC 2019 中，可以调整照片中人物脸型或五官比例的滤镜是_____滤镜，如果利用该滤镜时调整效果错误，需要使用液化面板中的_____工具进行涂抹和还原。

2. 选择题

(1)如果要对一张有飘逸长发的人物照片中的人物进行完整抠图的处理，需使用（　　）工具。

　A. 多边形套索　　　　B. 魔棒

　C. 快速选择　　　　　D. 选择并遮住

(2)滤镜菜单中，（　　）选项的子菜单中有可让照片的色彩效果转化成油画效果的命令。

　A. 油画　　　　　　　B. 风格化

　C. 杂色　　　　　　　D. 像素化

项目十　动作与自动化处理

任务1　基础导读

所谓"动作"，就是将重复执行的操作步骤录制下来，再应用于其他图像，通过动画式的播放过程，可增加动感和趣味性。

1.1　了解"动作"面板的基本功能

1.1.1　动作的基本功能

"动作"实际上是一组命令，使用该命令可以提高工作效率，它的功能主要表现在以下两个方面。

（1）可以将两个或多个命令，以及其他操作组成一个动作。在对其他图像执行相同操作时，可以直接使用该"动作"，无须重复操作。

（2）在滤镜的使用上，如果对其使用"动作"功能，可以将多个滤镜操作录制成一个单独的动作。使用该动作时，就像使用滤镜一样，可以对图像执行多种滤镜的处理。

1.1.2　认识"动作"面板

"动作"面板是建立、编辑和执行动作的主要场地，是动作的控制中心，在此可以记录、播放、编辑和删除动作，也可以存储和载入动作文件。如要打开"动作"面板，单击"窗口"→"动作"命令或按 Alt＋F9 组合键，即可在图像窗口显示，图 10-1 所示的是"动作"面板的标准模式；图 10-2 所示的是"动作"面板的按钮模式。

图 10-1　"动作"面板的标准模式

图 10-2　"动作"面板的按钮模式

（1）屏蔽切换开/关图标 ✓：单击面板最左侧的灰色框 ✓ 可以激活或隐藏动作；若去掉"√"显示，则隐藏此命令，使其在播放动作时不被执行。

（2）切换对话开/关图标 ▣：当面板中出现这个标记时，表示该动作执行到这步时会暂停。

（3）展开/折叠图标 ⌄：单击该图标，可以展开/折叠列表。

（4）停止播放/记录按钮 ■：单击该按钮，可以停止或记录动作的播放。

（5）开始记录按钮 ●：单击该按钮，可以开始记录动作。

（6）播放选定动作按钮 ▶：单击该按钮，可以播放选定的动作。

（7）创建组按钮 ▢：单击该按钮，可以创建一个新动作序列，可以包含多个动作。

（8）创建新动作按钮 ▢：单击该按钮，可以创建一个新动作。

（9）删除按钮 🗑：单击该按钮，可以删除当前选定的动作。

📖 **小提示：**

如果要切换标准模式和按钮模式，可以单击"动作"面板右上角的菜单按钮 ▤，在弹出的菜单中选择"标准模式"或"按钮模式"选项。

1.2 "动作"面板的菜单命令

单击"动作"面板右上角的菜单按钮 ▤，可以打开"动作"面板菜单，在面板菜单中可以编辑、控制、回放、保存、载入动作和指定快捷键等，如图 10-3 所示。

图 10-3　面板菜单

（1）第一方框："按钮模式"命令。单击显示的动作名称按钮即可对动作进行播放；若要退出按钮模式，则再次单击"按钮模式"命令即可。

（2）第二方框：动作的创建和播放选项。通过单击这些菜单命令，可以进行新建动作、新建组、复制动作、删除动作和播放动作的操作。

（3）第三方框：记录动作操作选项。创建动作后可以对动作进行记录，可以记录多种操作；在记录动作时选择"插入停止"选项可以设置动作的停止，以便于进行下一步操作。

（4）第四方框：动作选项和回放选项。选择"动作选项"选项，打开"动作选项"对话框，可以在该对话框中对动作的名称、功能键和动作颜色进行设置，如图 10-4 所示。打开"回放选项"对话框，在该对话框中可以对已有的动作进行"加速""逐步"和"暂停"控制，如图 10-5 所示。

图 10-4　"动作选项"对话框

图 10-5 "回放选项"对话框

（5）第五方框：控制动作选项。在此选项中包含动作的清除、复位、载入、替换等操作。选择"清除全部动作"选项，即可将"动作"面板中的所有动作全部清除，如图 10-6 所示。若想找回面板中的动作，选择"复位动作"选项，即可恢复到默认状态，如图 10-7 所示。

图 10-6 清除全部动作选项

图 10-7 复位动作选项

（6）第六方框：分类的预设动作。在面板菜单中分别选择"命令""画框""图像效果""制作""文字效果""纹理"和"视频动作"选项，在"动作"面板中将会打开预设的多种分类动作。选择

"画框"选项后"动作"面板的状态如图 10-8 所示。选择"图像效果"选项，状态则如图 10-9 所示。

图 10-8 "画框"选项

图 10-9 "图像效果"选项

（7）第七方框：关闭面板选项。在面板菜单中选择"关闭"选项，即可将"动作"面板关闭。选择"关闭选项卡组"选项，则可将动作面板所在选项卡的所有面板全部关闭。

1.3 应用默认动作

1.3.1 在面板中的预设

在 Photoshop CC 2019 的"动作"面板中提供了多种预设动作，使用这些预设动作可以快速实现各种不同的图像效果、文字特效、纹理特征等。用户可以从选择的文件中播放预设动作或预设动作中某个特定的命令等，可以通过这种方式为打开的文件应用预设动作。选中需

要执行的动作后，单击"动作"面板右上角的展开按钮 ▤，在弹出的菜单中选择"播放"菜单命令，即可对图像执行选中的动作，如图 10-10 所示；还可以在选中动作后，单击面板下方的"播放选定的动作"按钮 ▶，如图 10-11 所示。

图 10-10 "播放"命令

图 10-11 "播放选定的动作"按钮

📖 **小提示：**

使用"动作"面板中的播放菜单命令和面板中的播放按钮效果是一样的，可以根据使用的习惯来做选择。

1.3.2 应用面板中的预设动作

下面应用 Photoshop CC 2019 提供的预设动作，快速制作仿旧照片效果。

【操作步骤】

①单击"文件"→"打开"命令，打开素材图片，如图 10-12 所示。

图 10-12 素材图片

②单击"窗口"→"动作"菜单命令，即可打开"动作"面板，如图 10-13 所示。

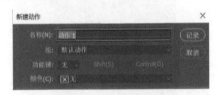

图 10-13 "动作"面板

③单击"动作"面板右上角的展开按钮 ▤，在弹出的菜单中单击"图像效果"菜单命令，如图 10-14 所示。

图 10-14 "图像效果"菜单命令

④将"图像效果"动作组载入"动作"面板中，如图 10-15 所示。

图 10-15 图像效果动作组

⑤选择"仿旧照片"动作，如图 10-16 所示。

图 10-16 选择"仿旧照片"动作

⑥单击"动作"面板下方的"播放选定的动作"按钮▶，播放"仿旧照片"动作，如图 10-17 所示。

图 10-17 仿旧照片效果

1.4 创建和编辑动作

1.4.1 创建新动作

①打开"动作"面板，在"动作"面板中单击"创建新动作"按钮🔲，如图 10-18 所示，即可打开如图 10-19 所示的"新建动作"对话框。在该对话框中可以设置新动作的名称和组等属性，设置完成后，单击"记录"按钮，即可开始新动作的记录。

图 10-18 "创建新动作"按钮

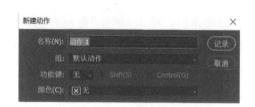

图 10-19 "新建动作"对话框

②创建新动作还可以通过"动作"面板菜单中的"新建动作"命令来完成，如图 10-20 所示。

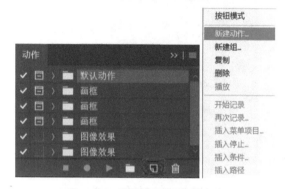

图 10-20 "新建动作"菜单命令

1.4.2 创建和录制动作

【操作步骤】

①单击"文件"→"打开"命令，打开素材图片，如图 10-21 所示。

图 10-21 素材图片

②打开"动作"面板，单击面板底部的"创建新动作"按钮🔲，弹出"新建动作"对话框，设置"名称"为"动作 1"，如图 10-22 所示。

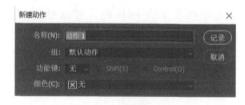

图 10-22 设置新动作名称

③单击"记录"按钮⚫，即可新建"动作 1"动作，并开始对后面的操作进行记录，如图 10-23 所示。

Photoshop CC图形图像处理

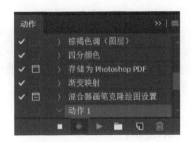

图 10-23　录制"动作 1"

④单击"图像"→"调整"→"亮度/对比度"命令，弹出"亮度/对比度"对话框，设置如图 10-24 所示。

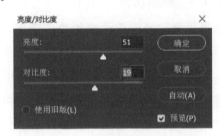

图 10-24　"亮度/对比度"对话框

⑤单击"图像"→"调整"→"色相/饱和度"命令，弹出"色相/饱和度"对话框，设置如图 10-25 所示。

图 10-25　"色相/饱和度"对话框

⑥单击"确定"按钮，然后单击"动作"面板底部的"停止播放/记录"按钮，完成新动作的录制，如图 10-26 所示。

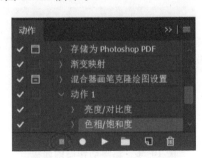

图 10-26　"停止播放/记录"按钮

⑦执行上述操作后，最终效果如图 10-27 所示。

图 10-27　最终效果

1.4.3　编辑新动作

使用"动作"面板不仅可以在图像上执行各种动作，快速为图像添加各种效果，而且还可以对录制好的动作进行再编辑，如添加动作、设置动作播放速度、删除动作和复制动作等。通过菜单命令打开"回放选项"对话框，如图 10-28 所示，选择"回放选项"面板中的"暂停"单选按钮，在文本框中输入"1"，如图 10-29 所示；确认操作后，在播放动作时，节奏就可变慢。

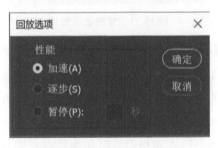

图 10-28　"回放选项"对话框

图 10-29　"暂停"选项

使用"动作"菜单命令，还可以对动作进行复制，如图 10-30 所示。选中动作后，单击"动作"面板右上角的展开按钮▤，在弹出的菜单中单击"复制"菜单命令，即可在"动作"面板中将选中的动作进行复制，如图 10-31 所示。

图 10-30　"复制"菜单命令

图 10-31　复制选中动作

1.4.4　在动作中插入菜单项目

在 Photoshop CC 2019 中，动作不能记录所有的命令操作，插入菜单项目就是指在动作中插入菜单中的命令，可以将一些可能无法记录的命令插入动作中。例如在执行径向模糊操作时，如果通过在工具属性栏中进行调整，则动作无法记录。在动作面板中选择"投影（文字）"动作，单击动作面板右上角■按钮，在弹出的下拉菜单中选择"插入菜单项目"选项，弹出"插入菜单项目"对话框，如图 10-32 所示。

图 10-32　"插入菜单项目"对话框

单击"滤镜"→"模糊"→"径向模糊"命令，即可插入"径向模糊"选项，如图 10-33 所示，单击"确定"按钮即可在面板中插入"径向模糊"选项。

图 10-33　插入"径向模糊"选项

　小提示：

动作不能记录所有的命令操作，如绘画、上色工具、工具属性栏、路径、视图命令和窗口命令等。

1.4.5　删除动作

如果要删除已经记录或加载的动作，可以单击"动作"面板中的动作名，可以将整个动作删除，如图 10-34 所示。在"动作"面板中选中要删除的动作，单击"删除"按钮■，即可打开"删除"对话框，如图 10-35 所示；单击"确定"按钮，"动作"面板中所选中的动作就会被删除，如图 10-36 所示。

图 10-34

图 10-35　"删除"对话框

图 10-36　删除动作后的面板

如果要删除动作中的某一个步骤，则单击

动作左侧的图标，展开该动作中的所有步骤，如图 10-37 所示；然后选中需要删除的步骤，如图 10-38 所示，单击"删除"按钮 血，就可将选中的步骤删除，如图 10-39 所示。

图 10-37 "动作"中的所有步骤

图 10-38 选中要删除的步骤

图 10-39 删除动作步骤后的面板

📖 **小提示：**

常用的动作删除法，就是将需要删除的动作直接拖到"删除"按钮上，即可删除。

1.4.6 动作的管理和存储

在管理动作时，可以将创建的动作组作为"ATN"文件进行保存。在"动作"面板中选中需要存储的动作组，如图 10-40 所示。在面板菜单中选择"存储动作"命令，如图 10-41 所示。在打开的"另存为"对话框中进行设置，确定存储动作文件的目录和名称，如图 10-42 所示。保存后，打开在"另存为"对话框中设置的目录文件，就可查看到保存的动作文件。

图 10-40 需要存储的动作组　**图 10-41** "存储动作"命令

图 10-42 "另存为"对话框

1.5 自动化

任务自动化就是将任务组合到一个或多个对话框中来简化复杂的任务，可以节省工作时间，提高效率，并保持操作结果的一致性。

批处理就是将现有动作同时应用于一个或多个图像文件中，也可以是一个文件夹中的所有图像，实现图像处理的操作自动化。

【操作步骤】

①单击"文件"→"打开"命令，打开素材图片，如图 10-43 所示。

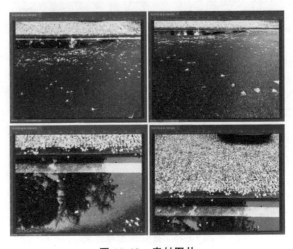

图 10-43 素材图片

②单击"文件"→"自动"→"批处理"命令，如图 10-44 所示。

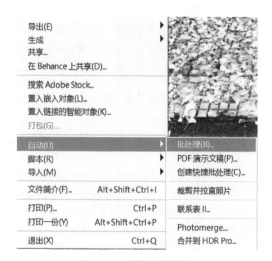

图 10-44　"批处理"命令

③弹出"批处理"对话框，设置"动作"为"渐变映射"，"源"为"打开的文件"，如图 10-45 所示。

图 10-45　设置相应的选项

④单击"确定"按钮，即可对所有打开的文件进行批处理，如图 10-46 所示。

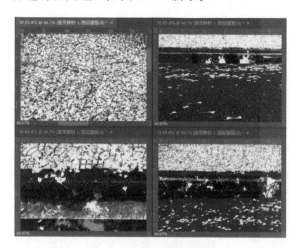

图 10-46　批处理图像效果

小提示：

"批处理"是一个以动作为依据，对指定的图像进行处理的智能化命令，可以对多幅图像执行相同的动作，实现图像处理的自动化。需要注意的是，在执行批处理之前，应先确定处理的图像文件。

任务 2　实例讲解

日常生活中，我们在拍摄较宽的大幅风景时，往往不能通过一张照片将风景完全拍摄下来，若要得到一张全景的大幅风景照片，我们可以使用 Photoshop CC 2019 自动菜单命令，将多张图像拼合成一张完整的全景图像。

通过 Photomerge 功能可以将同一个取景位置拍摄的多张照片合成到一张图像中，制作出视野开阔的全景照片。下面我们通过运用 Photomerge 功能，将 3 张同一取景位置拍摄的照片合成为一张长幅全景照片。

2.1.1 【最终效果】

图 10-47 所示为本实例最终效果。

图 10-47　全景效果图

2.1.2 【解题思路】

①打开素材图片 4 张；

②运用 Photomerge 功能，把照片合成为一张全景图；

③使用裁剪工具，减掉不整齐的地方。

2.1.3 【操作步骤】

①单击"文件"→"自动"→"Photomerge"命令，打开"Photomerge"对话框，如图 10-48 所示。

②单击"浏览"按钮，在打开的对话框中选择 4 张照片，如图 10-49 所示，单击"确定"按钮，将照片导入源文件列表中。

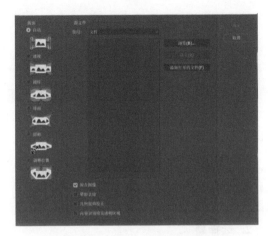

图 10-48　"Photomerge"对话框

图 10-49　四幅风景素材

③在"版面"选项组中选择"自动"选项，如图 10-50 所示。

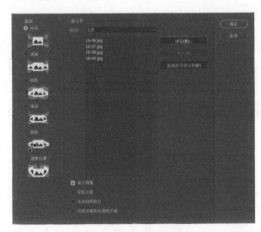

图 10-50　"自动"选项

④单击"确定"按钮，程序即对各照片进行分析并自动进行拼接和调整，生成效果如图 10-51 所示。

图 10-51　合并后的效果

⑤选择裁剪工具 ，把图像不整齐的地方裁剪掉，按 Enter 键确认，最终效果如图 10-52 所示。

图 10-52　最终效果

任务3　小试牛刀

本任务要求大家在"动作"面板中录制调色动作，并将录制动作应用到其他图像中。

3.1　使用动作处理数码照片

素材原图如图 10-53 所示。

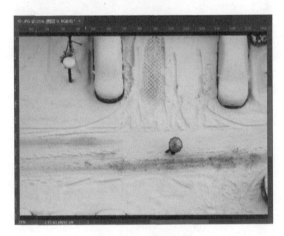

图 10-53　素材原图

3.1.1　【最终效果】

本例制作完成后的最终效果如图 10-54 所示。

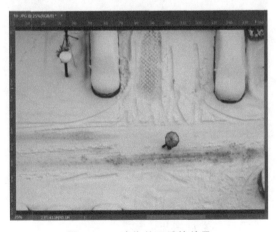

图 10-54　动作处理后的效果

3.1.2　【解题思路】

①打开素材图片；

②使用动作"创建组"和"创建新动作"按钮，记录操作过程；

③在图层面板中，使用"创建新的填充或调整图层"按钮，选择"亮度/对比度""照片滤镜"命令，调整色调；

④单击动作面板"停止播放/记录"按钮▣，完成动作记录。

3.2 使用录制的动作处理数码照片

素材原图如图 10-55 所示。

图 10-55 素材原图

3.2.1 【最终效果】

本例制作完成后的最终效果如图 10-56 所示。

图 10-56 动作处理后的效果

3.2.2 【解题思路】

①打开素材图片；
②选择刚刚录制的动作。

习 题

1. 填充题

(1)选择_____命令或者按_____组合键即可显示"动作"面板。

(2)执行"Photomerge"命令，最少可以对_____张图像进行处理，从而将其融合为一幅图像。

2. 选择题

(1)对一定数量的文件用同样的动作进行操练，下面的方法中效率最高的是( )。

A. 将动作的播放设置成快捷键，每个打开的文件通过单击快捷键即可完成操作

B. 将动作存储为"样式"，将打开的文件拖放到图像内即可完成操作

C. 单击菜单"文件"→"自动"→"批处理"命令，对文件进行处理

D. 在文件浏览器中选中需要的文件，右击，在弹出的快捷菜单中执行"应用动作"命令

(2)在"动作"面板中第一列处如果没有图标✔，表示该处的"动作"命令( )。

A. 有错　　　　　　B. 将会被跳过
C. 将会暂停　　　　D. 没有任何影响

(3)下列说法中不正确的是( )。

A. 如果"动作"面板的复选框中出现了红色图标▣，表示该动作的部分命令包含了暂停操作

B. 动作可以录制

C. 动作不可以保存

D. "批处理"命令可以成批地对图像进行处理

项目十一　综合应用实例

任务1　节日贺卡设计
——新年贺卡设计

【学习目标】

制作目的

本案例结合素材图片，制作新年贺卡。

制作思路

本案例首先通过矩形工具绘制圆角矩形形状，然后添加文字底色，并通过自定义画笔制作雪花效果，调整画笔设置，完成最终效果。

最终效果

最终效果如图 11-1 所示。

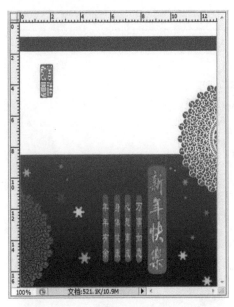

图 11-1

制作步骤

(1)单击"文件"→"新建"命令，弹出"新建文档"对话框，设置名称为"新年贺卡设计"，宽度和高度分别为 13cm 和 17cm，分辨率为 300 像素/英寸，颜色模式为 RGB，单击"创建"按钮。

(2)单击"视图"→"标尺"命令或按 Ctrl＋R 组合键，显示标尺，使用鼠标在水平标尺处向窗口内部拖动，在高度 8.5cm 处拖出参考线，如图 11-2 所示。

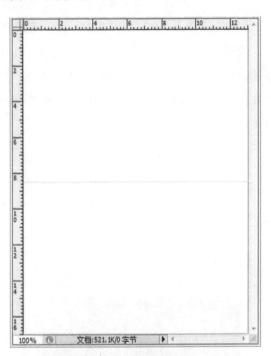

图 11-2　显示"参考线"

(3)单击"图层"面板底部的"创建新图层"按钮 ，新建"图层1"。单击"矩形选框工具" ，沿着参考线绘制矩形选区。设置前景色为红色♯b71a1f，背景色为深红色♯490708。选取工具箱的"渐变工具" ，在工具选项栏中单击"线性渐变"按钮 ，移动光标在图层1，按住 Shift 键，拖动鼠标到选区的边缘，填充渐变，效果如图 11-3 所示。

图 11-3　填充渐变色

（4）单击"文件"→"打开"命令，打开素材图片，使用"移动工具"，把"纹样图案"素材添加到文件中，生成"纹样图案图层"。执行"自由变换"命令，调整好大小、位置，如图 11-4 所示。

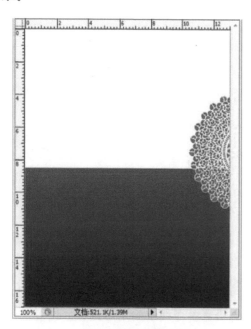

图 11-4　移动纹样

（5）激活"纹样图案图层"，拖到"图层"面板底部的"创建新图层"按钮，生成"纹样图案副本图层"。执行"自由变换"命令，调整大小、位置，效果如图 11-5 所示。

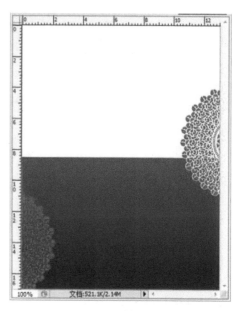

图 11-5　复制纹样

（6）单击图层面板底部的"创建新图层"按钮，新建"图层 2"。设置前景色为♯ef1d24。选择"圆角矩形工具"，在工具选项栏中设置半径为 10px，如图 11-6 所示，拖动鼠标绘制矩形形状，如图 11-7 所示。

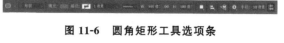

图 11-6　圆角矩形工具选项条

图 11-7　绘制矩形形状

（7）单击"文件"→"打开"命令，打开素材图片，使用"移动工具"，分别把"新年快乐"

素材添加到文件中,生成"图层3、图层4、图层5、图层6"。执行"自由变换"命令,调整大小、位置,效果如图11-8所示。

图 11-8　添加文字效果

(8)使用相同的方法,单击"图层"面板底部的"创建新图层"按钮，新建"图层7"。选择"圆角矩形工具"，绘制圆角矩形图形,如图11-9所示。输入文字"万事如意",效果如图11-10所示。

图 11-9　绘制矩形形状

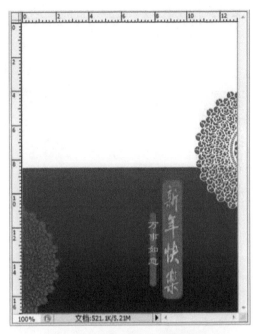

图 11-10　添加文字"万事如意"

(9)选择"直排文字工具"，设置字体为"隶书",字号为20点,设置前景色为黄色♯e5bc71,在图像中输入文字"万事如意"。效果如图11-11所示。

图 11-11　调整文字后效果

(10)选择"图层"面板文字图层,右击,选择"栅格化图层"命令,把文字图层栅格为普通图层:"万事如意图层"。执行"自由变换"命令,调整大小、位置,效果如图11-12所示。

图 11-12　添加文字

（11）使用相同方法，添加图形形状和文字，最后效果如图 11-13 所示。

（12）单击"文件"→"新建"命令，弹出"新建"对话框，设置名称为"雪花"，宽度和高度分别为 200 像素和 200 像素，分辨率为 300 像素/英寸，颜色模式为 RGB，背景内容为"透明"，单击"创建"按钮，如图 11-13 所示。

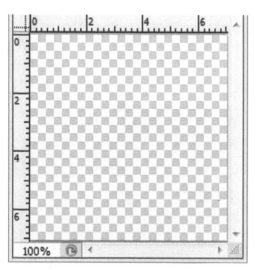

图 11-13　新建"雪花"文件

（13）选择工具箱中的"自定形状"，在其工具属性栏点按此按钮，打开"自定形状"拾色器面板，选择"自然"→"雪

花 2"形状。设置前景色为黑色，在画布中绘制一个雪花，按 Enter 键确认，如图 11-14 所示。

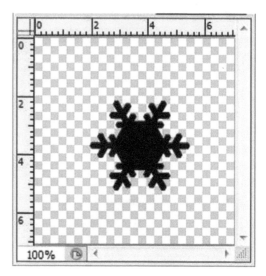

图 11-14　绘制雪花

（14）单击"编辑"→"定义画笔预设"命令，打开"画笔名称"对话框并设置参数，单击"确定"按钮。

（15）选择工具箱中的"画笔工具"，按 F5 键打开"画笔"调板，分别设置画笔笔尖形状、形状动态、散布和传递的参数，如图 11-15 至图 11-18 所示。

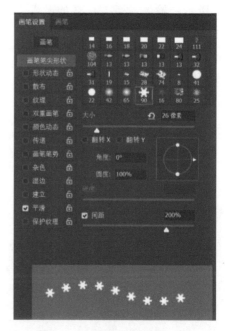

图 11-15　设置"画笔笔尖形状"

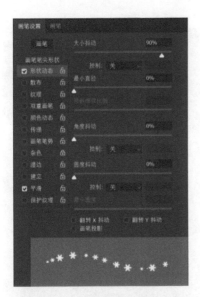

图 11-16　设置"形状动态"

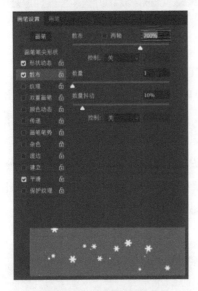

图 11-17　设置"散布"

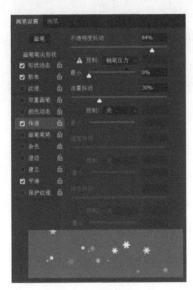

图 11-18　设置"传递"

（16）单击图层面板底部的"创建新图层"按钮 ，新建"图层 8"。设置前景色为白色，使用"画笔工具" 绘制雪花，如图 11-19 所示。

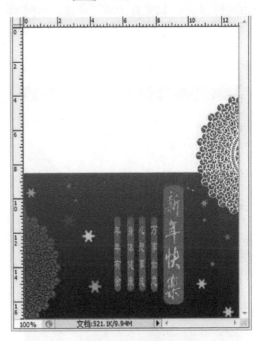

图 11-19　绘制雪花

（17）单击图层面板底部的"创建新图层"按钮 ，新建"图层 9"。选择"矩形选框工具" ，绘制矩形选区。设置前景色为红色＃b71a1f，按 Alt＋Delete 组合键填充，如图 11-20 所示。

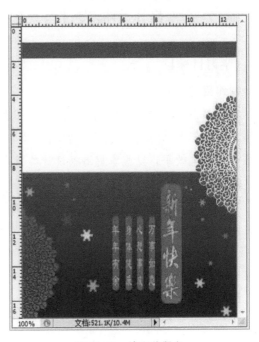

图 11-20　填充前景色

（18）单击"文件"→"打开"命令，打开素材图片，使用"移动工具" 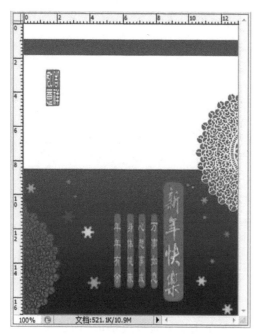，把"吉祥如意"素材添加到文件中，生成"吉祥如意图层"。单击"自由变换"命令，调整好大小、位置，如图 11-21 所示。

图 11-21　最终效果

任务 2　平面广告设计 ——音乐海报设计

【学习目标】

制作目的

本案例根据音乐的主题，结合素材图片，将形象、色彩和文字进行适当的空间安排，形成强烈的视觉效果，以此掌握海报设计的特点。

制作思路

本案例，首先选择"渐变工具"制作背景，并将素材导入背景图像中，结合"图层蒙版""滤镜"等命令对图像进行深入调整，再输入文字制作出音乐海报效果。

最终效果

音乐海报效果如图 11-22 所示。

图 11-22　音乐海报效果图

制作步骤

（1）单击"文件"→"新建"命令，弹出"新建"对话框，单击"图稿和插图"按钮，选择新建海报文档，宽度和高度分别默认为 18 英寸和 24 英寸，设置名称为"音乐海报设计"，分辨率为 300 像素/英寸，颜色模式为 RGB，如图 11-23 所示。最后单击"创建"按钮。

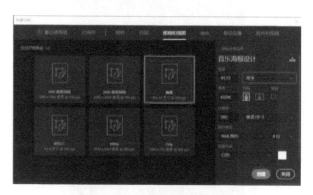

图 11-23　"新建文档"对话框

（2）选取工具箱的"渐变工具" ■，在工具选项栏中单击渐变条 ■，打开"渐变编辑器"对话框，选择前景色到背景色的渐变，设置前景色为紫色＃940764，背景色为黑色＃000000，单击"线性渐变"按钮 ■，移动光标到图像窗口中间位置，按住 Shift 键，拖动鼠标指针到图像窗口的边缘，填充渐变，效果如图 11-24 所示。

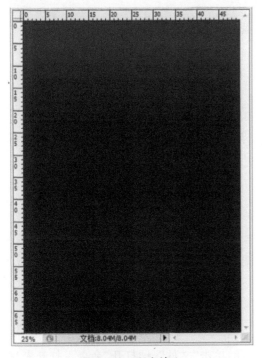

图 11-24　渐变填充

（3）单击"文件"→"打开"命令，打开素材图片，使用"移动工具"  把人物添加到文件中，生成图层 1，单击"自由变换"命令，调整好大小、位置，如图 11-25 所示。

图 11-25　导入人物素材 1

（4）选中"图层 1"，按住 Ctrl 键的同时单击"图层 1"缩览图，创建一个选区，如图 11-26 所示。

图 11-26　创建选区

（5）单击"图层"面板底部的"创建新的填充或调整图层"按钮 ，在弹出的列表中选择"曲线"选项，弹出"曲线"对话框，设置如图 11-27 所示，效果如图 11-28 所示。

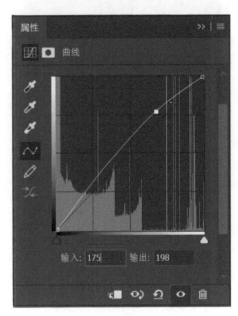

图 11-27　"曲线"对话框

图 11-28 曲线调整后的效果

（6）同样的方法，单击"文件"→"打开"命令，打开海报素材图片，使用"移动工具" ，把人物添加到文件中，生成"图层 2"，执行"自由变换"命令，调整好大小、位置。使用"曲线调整图层"，效果如图 11-29 所示。

图 11-29　人物素材 2 调整后效果

（7）单击图层面板底部的"添加图层蒙版"按钮 ，为图像添加蒙版。按下 D 键，默认前景色为黑色，背景色为白色。选取"画笔工具" ，单击画笔工具属性栏中的"画笔预设"按钮，弹出

"画笔预设"选取器，设置"硬度"为 0％，根据需要改变"主直径"的大小，其他都按默认设置，在蒙版上绘制，效果如图 11-30 所示。

图 11-30　添加蒙版后效果

（8）单击"文件"→"打开"命令，打开素材图片，使用"移动工具" 把人物添加到文件中，生成"图层 3"，执行"自由变换"命令，调整好大小、位置，如图 11-31 所示。

图 11-31　导入素材

（9）选中"图层 3"，按 Ctrl＋J 组合键复制"图层 3"，得到 "图层 3 副本"。选择"移动工

具"，调整位置，调整该图层的不透明度为
76%，最后效果如图 11-32 所示。

图 11-32　复制图层

（10）新建图层 4，选择"直线工具"，在
工具选项栏中设置"粗细"为 8px，按住 Shift 键
的同时在文字中间绘制一条水平的直线，如
图 11-33 所示。

图 11-33　绘制直线

（11）按 Ctrl 键选中"图层 3"和"图层 3 副
本"，拖到图层面板底部的"创建新图层"按钮

上，生成"图层 3 副本 2"和"图层 3 副本 3"。
执行"自由变换"命令，单击鼠标右键，在弹出
的下拉菜单中选择"垂直翻转"命令，调整好位
置，制作人物倒影，如图 11-34 所示。

图 11-34　制作人物倒影

（12）单击"文件"→"打开"命令，打开素材
图片，使用"移动工具"把素材添加到文件
中，生成图层 5，单击"自由变换"命令，调整
好大小、位置，如图 11-35 所示。

图 11-35　导入素材

（13）单击图层面板底部的"创建新图层"按钮 ，新建"图层 6"，设置前景色和背景色为默认状态，填充背景色白色。单击"滤镜"→"渲染"→"分层云彩"命令，制作图像的云彩效果，如图 11-36 所示。

图 11-36　"分层云彩"命令

（14）单击"选择"→"色彩范围"命令，弹出"色彩范围"对话框，设置各项数据，如图 11-37 所示。按 Delete 键，删除选中的内容，如图 11-38 所示。

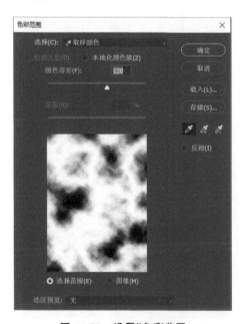

图 11-37　设置"色彩范围

图 11-38　删除后的效果

（15）在"图层"面板中，单击"设置图层的混合模式"文本框，在弹出的列表中选择"颜色减淡"选项，设置图层的混合模式为"颜色减淡"，最终效果如图 11-39 所示。

图 11-39　"颜色减淡"图层混合模式

（16）单击"图层"面板底部的"添加图层蒙版"按钮，为该图层添加蒙版。按 D 键，默认前景色为黑色，背景色为白色。选取"渐变工具"，单击"线性渐变"按钮，移动光标到图像窗口中间位置，按住 Shift 键，拖动鼠标指标至合适的长度，在蒙版上部填充渐变，效果如图 11-40 所示。

图 11-40　添加"图层蒙版"

(17)单击"横排文字工具"，设置字体为"方正舒体"，字号为 180 点，设置前景色为黄色♯fdef02，设置完成后在图像中输入文字"我的音乐我做主"，效果如图 11-41 所示。

图 11-41　输入文字

(18)继续选取"文字工具"，单击工具属性栏中的"创建文字变形"按钮，在弹出的"变形文字"对话框中设置，如图 11-42 所示，调整后效果如图 11-43 所示。

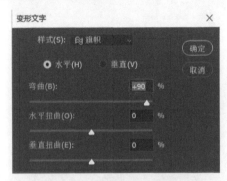

图 11-42　"变形文字"对话框

图 11-43　"变形文字"后效果

(19)单击图层面板底部的"添加图层样式"按钮 _fx_，在弹出的列表中分别选择"投影""斜面和浮雕效果""描边"选项，根据画面在弹出的对话框中做相应设置，执行"自由变换"命令，调整好大小、位置，效果如图 11-44 所示。

📖 **小提示：**

海报设计一般以图片为主，文字为辅。字体的选择和排列对整幅画面的视觉效果有很大影响，一般分为标题文字和内容说明。标题字数不要太多，要简明，最好不超过 10 个字。内容说明交代出时间、地点、演出单位、标志等。

图 11-44　"添加图层样式"效果

(20)用上面同样的方法，制作"我的音乐我做主"的拼音字母"wodeyinyuewozuozhu"并且使用工具属性栏中的"创建文字变形"按钮，做同样弯曲度的变形，单击"自由变换"命令，调整好大小、位置，如图 11-45 所示。

图 11-45　拼音字母效果

(21)继续使用"文字工具"输入"某某某专场演唱会"，如图 11-46 所示。

图 11-46　输入"某某某专场演唱会"的效果

(22)继续使用"文字工具"输入英文字母"Music"，如图 11-47 所示。

图 11-47　输入"Music"的效果

(23)单击"文件"→"打开"命令，打开素材图片，使用"移动工具"把素材添加到文件中，生成"图层 7"，执行"自由变换"命令，调整好大小、位置，置入 logo 标志，如图 11-48 所示。

图 11-48　置入 logo 标志

（24）继续使用"文字工具"输入"演出单位、演出时间、演出地点、主办单位和承办单位"，最后效果如图 11-49 所示。

图 11-49　最后效果

任务 3　服装设计

3.1　服装面料设计

【学习目标】

制作目的

本案例设计并制作服装的面料，通过设计和制作，可以得到不同面料在同一款服装中的效果。

制作思路

本案例通过 Photoshop CC 2019 滤镜中的相关命令，制作迷彩服装面料。"云彩"滤镜和"阈值"命令是完成案例的关键。

最终效果

迷彩面料最终效果如图 11-50 所示，应用在服装上的效果如图 11-51 所示。

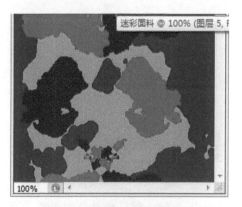

图 11-50　迷彩面料最终效果

图 11-51　应用在服装上的效果

制作步骤

（1）单击"文件"→"新建"命令，弹出"新建文档"对话框，设置名称为"迷彩面料"，宽度和高度分别为5cm和4cm，分辨率为300像素/英寸，如图11-52所示。然后单击"创建"按钮。

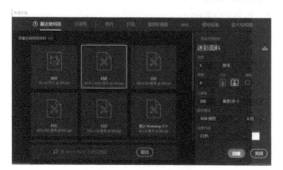

图 11-52 "新建"对话框

（2）选择"背景图层"，设置前景色为黄色♯a8995c，填充前景色。最后效果如图11-53所示。

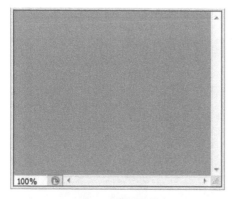

图 11-53 填充前景色

（3）按下D键，默认前景色为黑色，背景色为白色。单击"图层"面板底部的"创建新图层"按钮，新建"图层1"。单击"滤镜"→"渲染"→"云彩"命令，制作图像的云彩效果，如图11-54所示。

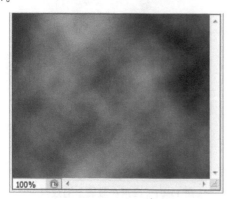

图 11-54 制作云彩效果

（4）单击"图像"→"调整"→"阈值"命令，在弹出的"阈值"对话框中设置阈值色阶为128，如图11-55所示。

图 11-55 "阈值"对话框

（5）选取"魔棒工具"，在图像中选择黑色部分，创建一个选区范围，如图11-56所示。

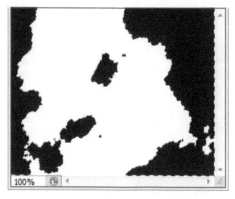

图 11-56 创建选区

（6）在"图层"面板上单击"图层1"缩览图左边的"指示图层可见性图标"，将图层内容隐藏起来。单击"图层"面板底部的"创建新图层"按钮，新建"图层2"。单击"选择"→"修改"→"平滑"命令，在弹出的对话框中设置"取样半径"为2像素，如图11-57所示。

图 11-57 "平滑选区"对话框

（7）单击"选择"→"修改"→"扩展"命令，在弹出的对话框中设置"扩展量"为2像素，如图11-58所示。

图 11-58 "扩展量"对话框

（8）设置前景色为绿色＃2b4729，填充前景色，然后按 Ctrl＋D 组合键取消选区。最后效果如图 11-59 所示。

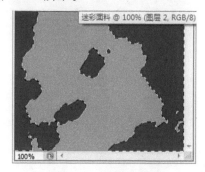

图 11-59　填充绿色

（9）按下 D 键，默认前景色为黑色，背景色为白色。单击"图层"面板底部的"创建新图层"按钮 ，新建"图层 3"。单击"滤镜"→"渲染"→"云彩"命令，制作图像的云彩效果。

（10）单击"图像"/"调整"/"阈值"命令，在弹出的"阈值"对话框中设置阈值色阶为 149，如图 11-60 所示。

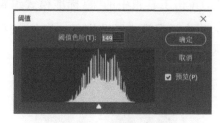

图 11-60　"阈值"对话框

（11）选取"魔棒工具" ，在图像中选择黑色部分，创建一个选区范围（图 11-61）。

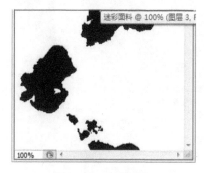

图 11-61　创建选区

（12）再次单击"图层 3"缩览图左边的"指示图层可见性"图标 ，将图层内容隐藏起来。单击图层面板底部的"创建新图层"按钮 ，新建"图层 4"。

（13）单击"选择"→"修改"→"平滑"命令，在弹出的对话框中设置"取样半径"为 2 像素。单击"选择"→"修改"→"扩展"命令，在弹出的对话框中设置"扩展量"为 2 像素。

（14）设置前景色为深褐色＃393020，填充前景色，然后按 Ctrl＋D 组合键取消选区。最后效果如图 11-62 所示。

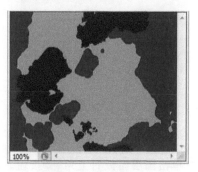

图 11-62　填充深褐色

（15）选中"图层 4"，按 Ctrl＋J 组合键复制"图层 4"，得到"图层 4 副本"。按 Ctrl＋T 组合键，右击，在弹出的菜单中选择"水平翻转"命令，将"图层 4 副本"图层进行水平翻转，如图 11-63 所示。

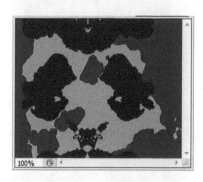

图 11-63　水平翻转效果

（16）按住 Ctrl 键的同时单击"图层 4 副本"缩览图，创建一个选区，如图 11-64 所示。

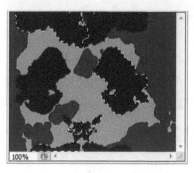

图 11-64　"图层 4 副本"选区

(17)单击图层面板底部的"创建新图层"按钮 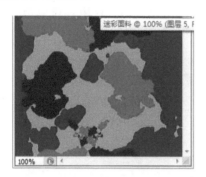，新建"图层5"。

(18)设置前景色为绿色♯537251，填充前景色，然后按 Ctrl＋D 组合键取消选区，最后效果如图 11-65 所示。

图 11-65　最后效果

(19)单击图层面板右上角 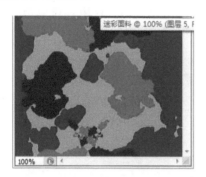按钮，再单击"拼合图层"命令，拼合所有可见图层。至此，迷彩面料制作完成。

(20)单击"文件"→"打开"命令，打开素材图片，如图 11-66 所示。

图 11-66　人物素材

(21)单击工具箱中的"以快速蒙版模式编辑"按钮 ，进入蒙版编辑状态。选取"画笔工具"按钮 ，单击画笔工具属性栏中的"画笔预设"按钮，弹出"画笔预设"选取器，设置"硬度"为 100%，根据需要改变"主直径"的大小，其

他都按默认设置，在图像衣服上绘制，绘制的部分为半透明的红色，如图 11-67 所示。

图 11-67　绘制蒙版

(22)单击工具箱中的"以标准模式编辑"按钮 ，进入标准模式编辑状态，单击"选择"→"反选"命令，反向选择，如图 11-68 所示。

图 11-68　"反向"后的选区

(23)打开前面制作的迷彩面料，选择"矩形选框工具" ，绘制矩形选区，如图 11-69 所示。

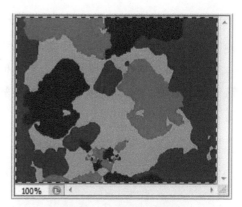

图11-69　绘制矩形选区

（24）单击"编辑"→"定义图案"命令，弹出"图案名称"对话框，设置名称为"迷彩画布"，单击"好"按钮，定义图案。

（25）单击人物素材图片标题栏将其选中，选中"背景图层"，按 Ctrl＋J 组合键复制得到"图层 1"，选择工具箱中的"油漆桶工具"，在工具属性栏中设置"填充"为图案，单击"图案"右侧的图案缩览图，在弹出的列表中选择"迷彩画布"选项，其他都按默认设置，在选区里填充图案，然后按 Ctrl＋D 组合键取消选区，最后效果如图11-70所示。

图11-71　设置图层混合模式——色相

（27）最后"迷彩"命令应用到服装上的效果如图11-72所示。

图11-70　填充图案效果

图11-72　最终效果

小提示：

使用工具箱中的"以快速蒙版模式编辑"按钮绘制选区和使用工具箱的"磁性套索工具"建立选区的效果是一样的，可以根据自己的使用习惯选择。

（26）单击图层面板，单击"设置图层的混合模式"文本框，在弹出的列表中选择"色相"选项，设置图层的混合模式为"色相"，如图11-71所示。

3.2 服装颜色设计

【学习目标】

制作目的

本案例为人物的服装设计不同颜色，制作出同一人物穿着不同颜色服装的效果，这一效果制作在生活中非常实用。

制作思路

本案例首先利用快速蒙版建立选区，通过填充颜色或色相/饱和度命令，再改变图层混合模式，来获得更多的颜色效果。

最终效果

原图、绿色服装效果、红色服装效果如图 11-73 所示。

原图　　　绿色服装效果　　　红色服装效果

图 11-73

制作步骤

（1）单击"文件"→"打开"命令，打开素材图片，如图 11-74 所示。

图 11-74　人物素材

（2）单击工具箱中的"以快速蒙版模式编辑"按钮，进入蒙版编辑状态。选取"画笔工具"

，单击画笔工具属性栏中的"画笔预设"按钮，弹出"画笔预设"选取器，设置"硬度"为100%，工具需要改变"主直径"的大小，其他都按默认设置，在图像衣服上绘制，绘制的部分为半透明的红色，如图 11-75 所示。

图 11-75　绘制蒙版

（3）单击工具箱中的"以标准模式编辑"按钮，进入标准模式编辑状态，单击"选择"→"反选"命令，反向选择，如图 11-76 所示。

图 11-76　"反向"后的选区

（4）单击"图层"面板底部的"创建新图层"按钮，新建"图层 1"，设置前景色为黄色＃fff476，按"Alt＋Delete"组合键填充前景色，如图 11-77 所示。

图 11-77 填充黄色效果

(5)单击"图层"面板，单击"设置图层的混合模式"文本框，在弹出的列表中选择"差值"选项，设置图层的混合模式为"差值"，得到如图 11-78 所示。

图 11-78 "差值"混合模式

(6)按住 Ctrl 键的同时单击"图层 1"，得到衣服的选区。单击设置鼠标右键，在下拉菜单中选择"羽化"选项，设置羽化半径为 5 像素。

(7)单击"图层"面板底部的"创建新的填充或调整图层"按钮 ，在弹出的列表中选择"色相/饱和度"选项，弹出"色相/饱和度"对话框，设置如图 11-79 所示，效果如图 11-80 所示。

图 11-79 "色相/饱和度"对话框

图 11-80 调整为绿色效果

(8)设置"色相、纯度、明度"数值，效果如图 11-81 所示。

图 11-81 调整为红色效果

任务 4　标志制作
——学做宝马 LOGO

【学习目标】

制作目的

通过本案例，了解和掌握标志制作的方法。

制作思路

本案例标志制作，主要使用选框工具、渐变工具、变换选区、图层样式等功能。

最终效果

最终效果如图 11-82 所示。

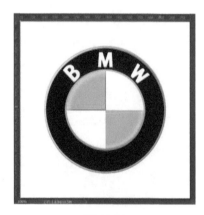

图 11-82

制作步骤

(1)单击"文件"→"新建"命令，弹出"新建文档"对话框，设置名称为"学做宝马 LOGO"，宽度和高度分别为 800 像素和 800 像素，分辨率为 72 像素/英寸，如图 11-83 所示。然后单击"创建"按钮。

图 11-83　"新建文档"对话框

(2)单击"视图"→"标尺"命令或按 Ctrl＋R

组合键，显示标尺。单击"视图"→"新建参考线"命令，分别建立水平和垂直两条参考线，如图 11-84～图 11-86 所示。

图 11-84　"新建参考线"命令

图 11-85　"新建参考线"命令

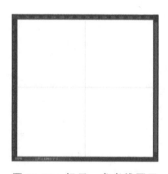

图 11-86　标尺、参考线图示

(3)单击"图层"面板底部的"创建新图层"按钮 ⬜，新建"图层 1"，更改图层名称为"最外层的圆"。选择"椭圆选框工具" ⬭，按 Shift＋Alt组合键，从画面中心画正圆选区，如图 11-87所示。

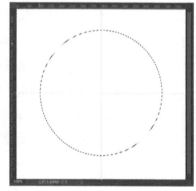

图 11-87　正圆选区

（4）选择"渐变工具" ■，单击工具选项条"可编辑渐变" ■，打开渐变编辑器，选择钢条色，如图 11-88 所示，更改色标为灰色，单击"确定"按钮。

图 11-88　渐变编辑器

（5）选择"角度渐变" ■，在画面中心拖动鼠标指针，如图 11-89 所示。

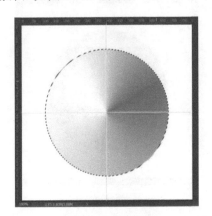

图 11-89　角度渐变

（6）选择"椭圆选框工具" ■，右击，选择"变换选区"选项，按住 Shift＋Alt 组合键拖动鼠标指针，改变选区大小，如图 11-90 所示。

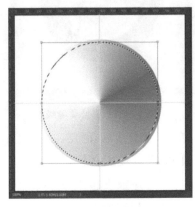

图 11-90　改变选区大小

（7）单击"图层"面板底部的"创建新图层"按钮 ■，新建"图层"命名为"黑色的圆"，填充黑色，如图 11-91 所示。

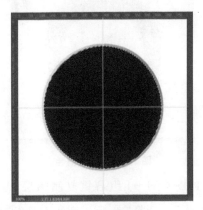

图 11-91　填充黑色

（8）用步骤（6）的方法，改变选区大小，留出黑环，如图 11-92 所示。

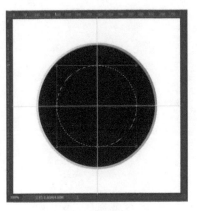

图 11-92　改变选区大小

（9）用步骤（7）的方法，新建"图层"命名为"灰色的圆"，填充灰色，如图 11-93 所示。

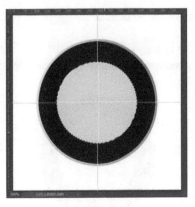

图 11-93　填充灰色

（10）用步骤（6）的方法，改变选区大小，流出灰色细环。新建"图层"命名为"白色的圆"，填充白色，如图 11-94 所示。

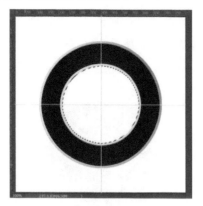

图 11-94　填充白色

（11）按 Ctrl＋J 组合键复制图层，命名为"蓝色图形"，选择"单行、单列工具"，单击"添加到选区按钮"，沿着参考线绘制单行单列选区，如图 11-95 所示。

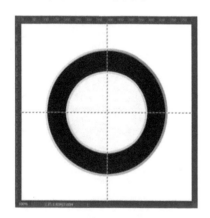

图 11-95　绘制单行单列选区

（12）填充黑色，选区取消。按住 Ctrl 键，单击"白色的圆"图层，载入选区，如图 11-96 所示。选择"矩形选框工具"，选择"从选区中减去"按钮绘制选区，如图 11-97 所示。

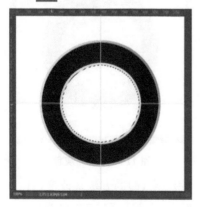

图 11-96　载入选区

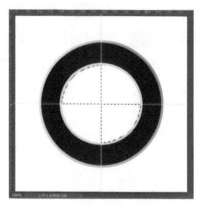

图 11-97　从选区中减去

（13）设置前景色为"宝马蓝"，按 Alt＋Delete 组合键填充前景色，如图 11-98 所示；按 Ctrl＋D 组合键取消选区。单击"视图"→"取消参考线"命令，删处参考线，如图 11-99 所示。

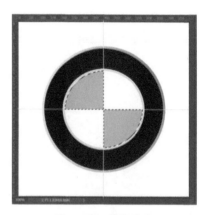

图 11-98　填充蓝色

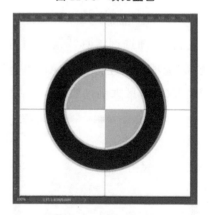

图 11-99　删处参考线

（14）激活"蓝色图形"图层，按住 Ctrl，单击"白色的圆"图层，载入选区，按 Ctrl＋Shift＋I 组合键反选，选择橡皮擦工具，擦除选区中的黑色线条，如图 11-100 所示。

图 11-100　擦除黑色线条

（15）按 Ctrl＋D 组合键取消选区。分别选择"最外层的圆""灰色的圆"图层，添加图层样式 *fx.*"斜面和浮雕-枕状浮雕"效果，选择"灰色的圆""蓝色图形"图层，添加图层样式 *fx.*"内发光"效果，如图 11-101 所示。

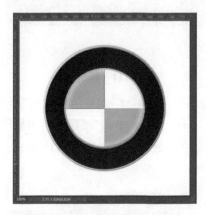

图 11-101　添加图层样式效果

（16）激活"黑色的圆"图层，选择"文字工具"，输入"BMW"字样，调整位置和透视，如图 11-102 所示。

图 11-102　最后效果

任务5　房地产广告设计
——户外广告的制作

【学习目标】

制作目的

本案例制作房地产广告，主要学习房地产广告构成要素及掌握房地产户外广告特点。

制作思路

本案例制作房地产广告，主要分两个步骤：一是制作房地产广告平面效果；二是制作房地产广告户外效果。

最终效果

平面效果、户外效果如图 11-103 所示。

平面效果　　　　　　户外效果

图 11-103

制作步骤

1. 制作房地产广告的平面效果

（1）单击"文件"→"新建"命令，设置宽度和高度分别为 20cm、7cm，分辨率为 300 像素/英寸，设置前景色为大红色（RGB 数值分别为 255、0、0），按 Alt＋Delete 组合键填充前景色；选择工具箱中的"多边形套索工具"，绘制选区，填充黑色，如图 11-104 所示，导入素材移动到如图 11-105 所示。

图 11-104　"新建"文件

图 11-105　导入素材

（2）选择"多边形工具" ，前景色设红色，属性栏选择填充像素，设边"5"，多边形选项勾选"星形"、缩进边依据"50%"，绘制如图11-106图形；选择"横排文字工具" ，输入 如图11-107所示的文字，单击"图层"→"图层样式"→"描边"命令。

图 11-106　绘制星形

图 11-107　输入文字

（3）选择"自定形状工具" ，设前景色为白色，形状属性栏选择"电话"选项，绘制如图11-108所示的电话，选择"横排文字工具" ，输入号码及文字；输入如图11-109文字，单独选中"城市中坚"变化大小，单击"图层"→"图层样式"→"描边"命令，合并图层。

图 11-108　绘制星形

图 11-109　输入文字

2. 制作房地产广告户外效果

（1）打开广告牌素材，如图11-110所示，复制广告作品并导入户外广告牌文件里，单击"编辑"→"自由变换"命令，调整大小，如图 11-111 所示。

图 11-110　广告牌素材

图 11-111　调整大小

（2）单击"编辑"→"变化"→"扭曲"命令，调整如图11-112所示；单击"图层"→"图层样式"→"描边"命令，最终效果如图11-113所示。

图 11-112　"扭曲"效果

图 11-113　最终效果

任务6　插画设计——人物制作

【学习目标】

制作目的

本案例结合素材图片，制作插图。

制作思路

本案例首先通过绘制画面，然后使用画笔工具等基础软件，完成最终效果。

最终效果

最终效果如图11-114所示。

图11-114

制作步骤

(1)单击"文件"→"新建"命令，弹出"新建文档"对话框，设置名称为"插图"，宽度和高度分别为3396cm和2599cm，分辨率为300像素/英寸，颜色模式为RGB，单击"创建"按钮。

(2)单击"画笔工具"→"kyle的墨水盒-传统漫画家"，完成线稿，如图11-115所示。

图11-115　显示"线稿"

(3)为了确保画面效果，完成线稿后需先进行试色。单击图层面板底部的"创建新图层"按钮，新建"试色图层"。选择"正片叠底"模式，然后使用"画笔工具"进行尝试。最后效果如图11-116所示。

图11-116　试色

(4)完成试色后，单击按钮隐蔽"试色图层"并新建图层，命名为"铺底色"，模式选择"正片叠底"。使用"画笔工具"完成效果，如图11-117所示。

图11-117　铺底色

(5)新建图层，单击按钮并命名为"铺背景底色"，选择"正片叠底"模式。用"魔法棒工具"选中背景，"画笔工具"进行铺色。效果如图11-118所示。

图11-118　铺背景底色

(6)完成上述步骤后，单击图层面板底部的"创建新图层"按钮，新建"深入画面"。使用"画笔工具"进行细化，如图11-119所示。

图11-119　深入画面

（7）继续丰富画面，为了增加画面活跃度，在前景稍加花瓣，新建图层命名为"花瓣"，选择"正常"模式，使用"画笔工具"✎完成花瓣后，打开上方工具栏"滤镜"，选择"模糊"栏中的"动感模糊"角度为"八十"。效果如图11-120所示。

图11-120　添加花瓣动态效果

（8）右击已完成的效果图，单击"复制图层"，命名为"最终效果"，在"最终效果"图层中单击"滤镜"→"模糊"，选择"高斯模糊"选项，半径为3.0像素。模式选择"变亮"，不透明度调至70%，如图11-121所示。

图11-121　调整最终画面

任务7　艺术效果表现
——油画效果表现

【学习目标】

制作目的

本案例结合素材图片，制作油画效果。

制作思路

油画属于西方绘画艺术，用PS模拟油画的关键在于精确地表现其特有的笔触。本实例中，在叠加模式下添加一个杂色填充图层、一个颜色填充画布图层和一个空白层，使用涂抹工具进行绘画，在叠加模式中复制添加已完成作品来增加浮雕效果，用图案填充图层来增强画笔

的纹理，最后制作画框部分，取得较好的效果。本实例使用的是Window系统上运行的Photoshop CC 2019版本，下面我们进入实例操作。

最终效果

最终效果如图11-122所示。

图11-122　最终效果

制作步骤

1. 为绘画准备图像

（1）打开一幅图像（在本实例中使用的是一幅皖南的乡村风景），如图11-123所示。

图11-123　皖南的乡村风景

（2）单击"菜单栏图层"→"新填充图层"→"图案"命令，在对话框中勾选使用前一图层创建剪贴蒙版选项，模式设为叠加，其他选项保持默认，单击"确定"按钮，如图11-124所示。

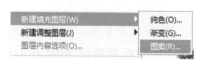

图11-124　"图案"命令

（3）在"新建图层"对话框（图11-125）中，单击图案右侧的小矩形，在弹出的调板中选择浅色水粉水彩画项（如果调板中没有显示此项，可

单击右上角的图标，在弹出的菜单中选择最下端的艺术表面选项，把系统内带的图案样式载入进来），单击"确定"按钮，如图 11-126 所示。

图 11-125 "新建图层"对话框

图 11-126 "图案填充"对话框

（4）这时"图层"面板上会添加一个"杂色填充图层"，如图 11-127 所示。也可以观察到图案填充图层添加浅色水粉水彩画图案样式之后与之前的对比效果，如图 11-128 所示。

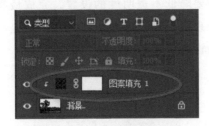

图 11-127 杂色填充图层

图 11-128 对比效果

2. 准备画布和绘画层

（1）单击图层调板底部的"创建新的图层"按钮，重新命名为"底层"。选择白色、黑色或和图像形成对比的任何一种颜色进行填充。

（2）再次单击图层调板底部的"创建新的图层"按钮，重新命名为"绘画层"，让这个图层作为绘画的载体。在图层调板中，将底层图层左侧的眼睛图标关闭，如图 11-129 所示。这样的话，使用涂抹工具将从画布中而不是从"图像/杂色填充的混合层"中取样颜色了。

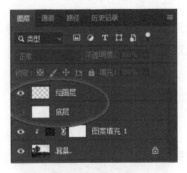

图 11-129 底层眼睛图标关闭

3. 设置绘笔参数

单击"涂抹工具"，在工具选项栏中将模式设为正常，强度设置为 100％，打开对所有图层取样选项。这将使得你在顶部的透明层绘画，而从下面所有的可见图层中取色，确定手指绘画选项关闭。单击画笔图标右侧的小矩形，在弹出的画笔调板中选择使用的画笔，这里我们从旧版画笔的自然画笔中选择一组画笔，如图 11-130、图 11-131 所示。

图 11-130 选择旧版画笔

图 11-131　选择一组画笔

4. 进行绘画

（1）选择一个相对较大的画笔，使用"涂抹工具"拖动进行绘画，如图 11-132 所示。

图 11-132　用涂抹工具绘画

注意绘画时把握以下 3 个的使用要点：

①保持笔触简短，这样可以有效利用图像中的颜色和形状，提高取色频率。

②可以使用更小的画笔进行绘画，以增加画面的细腻程度。先画天空、远山，再画近处的景物。

③在绘画过程中，如果将画布旋转或翻转，（单击菜单栏"图像"→"图像旋转"命令）你会发现绘制操作更加顺手、操作更容易。

（2）单击图层眼睛图标，使底层图层可见，这将隐藏原始图像和杂色，从而在绘画过程中保持对绘画效果进行检查，以进行有效的绘制。因为底层图层设为不可见，在绘画的过程中很难分辨什么地方有缝隙，原图像从下层透过显示，与绘画层混在一起，眼睛难于分辨，显示底层图层的可见性，可以很容易看见缝隙所在，进而可

以填补缝隙，如图 11-133、图 11-134 所示。

图 11-133　显示底层图层的可见性

图 11-134　填补缝隙

（3）在叠加模式的图案填充图层中，填加的杂色均匀显示在中间色调区域。但是在图像的最亮和最暗区域并不显示，可以通过改变这个图层的混合模式为正片叠底来增加亮度，或者改变这个图层的混合模式为屏幕来增加阴影，但同时要降低不透明度的设置。完成最亮和最暗的处理后，再返回叠加模式，重新提高不透明度的设置，如图 11-135 所示。

图 11-135　图层设置

5. 制作油画的肌理效果

（1）单击图层调板下端的"创建新的图层"按钮创建一个空白图层，重新命名为"肌理层"。

按 Alt＋Shift＋Ctrl＋E 组合键来合并可见图层
（或者按住 Alt 键，执行图层调板控制菜单中的
"合并可见图层"命令），如图 11-136 所示（如果
不使用这样的操作，合并可见图层命令会合并
所有可见图层为一个图层）。

图 11-136　设置肌理层

（2）设置本图层的混合模式为叠加，单击
"菜单栏图像"→"调整"→"去色"命令，然后单
击菜单栏"滤镜"→"风格化"→"浮雕"效果命令，
分别如图 11-137、图 11-138 所示，单击"确定"
按钮。在正常模式下具有浮雕效果和去色的复
制作品，效果如图 11-139 所示。

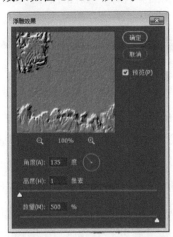

图 11-137　"滤镜"→"风格化"→"浮雕效果"命令

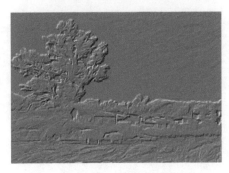

图 11-138　浮雕效果

图 11-139　画面效果

6. 增强笔触效果

（1）通过添加手绘的笔触来增加画面笔触效
果，在叠加模式中再创建一个填充图层（创建的
方法同本实例第一部分内容相同），把不透明度
设为 50％，如图 11-140 所示。

图 11-140　图案填充 2

（2）在"图案填充"对话框中选择一种肌理图
案填充（本例是载入进来的图案，这种图案是从
真正的画布上的笔触无缝扫描而成的），单击
"确定"按钮，如图 11-141 所示。

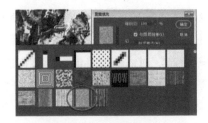

图 11-141　肌理图案

（3）拖动不透明度滑块进行实验，直到达到
你喜欢的效果为止，如图 11-142 所示。

图 11-142　最后效果

7. 制作画框

(1)创建一个新图层，重新命名为"画框1"。设置前景色 RGB 的值为(163，130，61)，在图像中创建一个矩形选区，并用前景色填充，如图 11-143 所示。

图 11-143　矩形选择区域

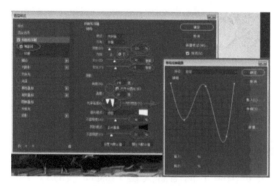

图 11-144　参数设置

(2)按组合键 Ctrl＋D 取消选择，单击菜单栏中"图层"→"图层样式"→"斜面和浮雕"命令，打开"图层样式"对话框，单击"光泽"，选择"等高线"选项后的等高线样式图标，在打开的等高线编辑器中编辑曲线，并设置对话框中的各项参数，如图 11-145 所示，单击"确定"按钮，效果如图 11-146 所示。

图 11-145　画面效果

图 11-146　加深画框

(3)创建一个新图层，选择"画框 1 图层"，与刚建的图层建立链接关系，执行菜单栏"图层"→"合并链接图层"命令，将两个图层合并为一层。

(4)使用工具箱中的 🔍 🖊 🖌 工具，结合 Shift 键，在画框上拖曳鼠标指针，对画框进行修饰，并且加深画框的中间色调，如图 11-146 所示。

(5)打开一幅花边素材文件，使用矩形选择工具，单击"菜单栏编辑"→"定义图案"命令，将其定义成图案样本，如图 11-147 所示。

图 11-147　图案样本

(6)激活绘画图像，单击菜单栏"图层"→"图层样式"→"斜面和浮雕"命令，在其中设置各项参数，如图 11-148 所示。选择对话框左侧"纹理"选项，进入纹理调板，选择刚刚定义的花边图案，并设置其他各项参数，如图 11-149 所示，单击"确定"按钮，结果如图 11-150 所示。

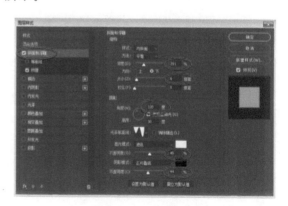

图 11-148　参数设置

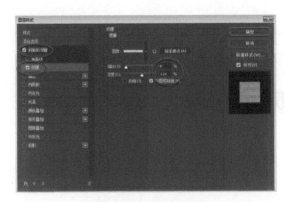

图 11-149　参数设置

图 11-150　画面效果

（7）创建一个新图层，选择"画框 1 图层"，与刚建的图层建立链接关系，单击菜单栏"图层"→"合并链接图层"命令，把两个图层合并为一层。

（8）把"画框 1 图层"复制 3 次，得到另外 3 个边框，如图 11-151 所示。使用变换、移动命令，把几个画框拼合一起，如图 11-152 所示。

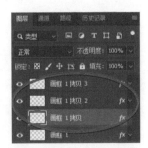

图 11-151　合并图层

图 11-152　画框拼合

（9）使用工具 ，把多余的角删除，如图 11-153 所示。把 4 个画框所在的图层合并为一层"画框 1"。

图 11-153　多余的角删除

（10）单击菜单栏"图层"→"图层样式"→"投影命令"，进行如图 11-154 所示的设置，单击"确定"按钮。如果添加画框后，画框占去的画面部分影响到整个画面的效果，可以使用自由变换命令等比例缩小油画图层，最终效果如图 11-155 所示。

图 11-154　参数设置

图 11-155　最后效果

附录　优秀网站链接

1. http：//www.dolcn.com 设计在线
2. http：//cwd.68design.net 设计联盟
3. http：//www.vartcn.com 艺术中国网
4. http：//arting365.com 创意门户网站
5. http：//www.8bears.com 八只熊
6. http：//www.uuuu.cc 设计公社
7. http：//www.foreidea.com 设计前沿
8. https：//huaban.com/ 花瓣网
9. http：//www.china-designer.com 设计师家园
10. https：//www.topys.cn 全球顶尖创意平台
11. http：//www.visionunion.com/interface.jsp 视觉同盟
12. http：//www.ad110.com 快乐分享
13. https：//www.zcool.com.cn 站酷(ZCOOL)
14. http：//www.sj63.com 设计路上
15. http：//www.chinavisual.com 视觉中国

参考文献

[1]李涛. Photoshop CS 5 中文版案例教程[M]. 北京：高等教育出版社，2012.

[2]倪洋，张大地，龙怀冰. 完全征服 Photoshop 平面设计[M]. 北京：人民邮电出版社，2007.

[3]安雪梅. Photoshop 图像处理与创意设计案例教程[M]. 北京：清华大学出版社，2010.

[4]利莉，徐莉. Photoshop CS 4 平面设计[M]. 北京：北京师范大学出版社，2010.

[5]刘孟辉，刘亚利，赵新娟. Photoshop CS 4 学习总动员[M]. 北京：清华大学出版社，2010.

[6]马兆平，李仁，郑国强. Photoshop CC 设计从入门到精通[M]. 北京：清华大学出版社，2015.

[7]雷波. Photoshop CC 中文版标准教程[M]. 5 版. 北京：高等教育出版社，2017.

[8]李金明. 李金荣. Photoshop 专业抠图技法[M]. 北京：人民邮电出版社，2012.